메타버스로 가는 수학

꼬리에 꼬리를 무는
수학 이야기

메타버스로 가는 수학

꼬리에 꼬리를 무는
수학 이야기

ⓒ 지브레인 과학기획팀 · 박구연, 2021

초판 1쇄 인쇄일 2021년 10월 28일
초판 1쇄 발행일 2021년 11월 4일

기 획 지브레인 과학기획팀
지은이 박구연
펴낸이 김지영   펴낸곳 지브레인Gbrain
편 집 김현주
마케팅 조명구   제작 · 관리 김동영

출판등록 2001년 7월 3일 제2005-000022호
주소 04021 서울시 마포구 월드컵로7길 88 2층
전화 (02)2648-7224   팩스 (02)2654-7696

ISBN 978-89-5979-671-7(03410)

메타버스로 가는 수학

꼬리에
꼬리를 무는
수학 이야기

지브레인 과학기획팀 기획 박구연 지음

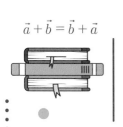

$$\vec{a} + \vec{b} = \vec{b} + \vec{a}$$

머리말

우리는 현재 21세기를 살고 있다. 20세기에서 21세기로 바뀌면서 세상에는 드라마틱한 변화가 오지는 않았다. 그런데 10년 전을 생각한다면 순식간에 달라지는 시대를 살고 있음을 깨닫게 된다. 여기에 자연적인 현상 특히 코로나 19와 같은 전 세계적인 질병이 유행하는 대격변의 시대를 거치게 된다면 세상은 더 빠르게 바뀐다. 영화나 애니메이션의 미래사회에서 보던 비대면 사회는 코로나 19로 우리의 일상에서 더는 낯설지 않게 되었다. 병원의 간병인 시스템도 바뀌었고 외식 문화는 밀키트의 시대와 공존하게 되었다. 그리고 여행을 비롯한 많은 것들이 바뀌고 있다.

그 전부터 시간과 공간의 제약이 있는 세계에서 우리는 원하는 모든 것을 체험하거나 누릴 수는 없었다. 특히 먼 곳에 가기 위해 소요

되는 비용과 시간적 부담을 생각하지 않을 수 없는데, 이러한 단점을 한 방에 해결할 수도 있는 방법으로 가상세계가 꾸준히 언급되어 왔다. 영화 속 메트릭스의 세계 그리고 우리는 지금 그것을 메타버스라고 말한다.

기업에서 회의하려는데 팀원 중 일부가 먼 곳에 출장 가 있어 일정을 못 맞춘다면 화상회의를 할 수 있다. 하지만 더 직접적인 방법이 있다. 스마트 폰이나 PC를 통해 메타버스에 들어가 각자의 아바타들이 모여 회의를 하는 것이다. 이 경우 장소에 구애받지 않고 자유롭게 만나는 것이 가능하다. 남과 북의 경계인 D. M. Z도 메타버스를 통해 직접 가본 것처럼 체험할 수도 있다.

메타버스 안에서 화생방 훈련을 체험할 수도 있다. 매우 현장감 있는 훈련이 가능할 것이다. 지금까지 가보지 못하는 오지도 여행할 수 있다. 날씨에 구애받지 않고 메타버스의 세계 안에서는 따뜻한 날씨와 잔잔한 파도 위에서 요트나 수상스키를 포함한 여러 레저를 자유롭게 만끽할 수 있다.

1992년 닐 스티븐슨[Neal Stephenson, 1959~]의 소설 《스노우 크래시[Snow Crash]》에 처음 등장한 메타버스는 앞으로의 인류사에 큰 영향을 줄 것은 분명하다. 하지만 현재의 메타버스 속 세계는 아직 게임을 위한 공간이거나 미숙한 공간이기는 하다. 그런데도 메타버스의 발전과 상상력을 현실화시키는 속도는 우리의 예상을 추월할 정도로 매우 빠르다. 이 가상세계는 인공지능으로 관리되기 때문에 불가능의 영역도 빠르게 사라질 것이다. 암호화폐로 가상공간에서 경제적 거래도 할 수 있다.

이처럼 이제 시작되었지만 빠르게 세상의 한 축이 될 메타버스는 수학과 과학, 공학과 철학이 아니었다면 불가능한 상상력의 세계였을 뿐이다. 그렇다면 메타버스의 시작을 알린 직·간접적으로 영향을 준 수학으로는 어떤 것이 있을까? 이 책에서는 그중 중요한 수학 분야를 몇 가지 뽑아 소개하려고 시도했다.

이 메타버스라는 또 하나의 세계를 가능하게 한 것은 고대부터 발전해온 수학의 다양한 발견들이 꼬리에 꼬리를 물며 서로 융합하고 발전하면서 가능해졌다. 유구한 역사를 가진 수학적 발견들이 철학, 과학, 공학과 협력해 나타난 결합체가 바로 메타버스인 것이다. 이 책에서는 알고리즘을 시작으로 철학인 형이상학, 유클리드 기하학, 대수학, 허수의 발견과 발전이 메타버스의 세계로 도약하기 위한 첫걸음임을 소개하고 있다.

이 책의 단원을 넘길수록 여러분은 수학의 발견이 다른 수학적 발견들의 기초가 되고 영향을 미치면서 서로 융합하고 다른 학문과 결합하며 우리의 삶을 바꾸고 미래 사회를 만들어가는지 확인할 수 있을 것이다. 그리고 그 모든 것들이 모여 현실을 담지만 이상적인 세계를 만들어가는 메타버스에 어떻게 적용되고 있는지를 발견하게 될 것이다. 《메타버스로 가는 수학 꼬리에 꼬리는 무는 수학 이야기》 안에는 누구나 한 번 정도는 들어보았을 만한 수학과 과학, 철학의 발견이 담겨 있다. 그리고 이 발견들이 메타버스의 시작과 근간을 이루는 것을 확인하게 될 것이다.

앞으로 메타버스는 우리의 삶과 더 깊은 관계를 이루게 될 것이며, 이에 따른 부작용들도 발견될 것이다. 그것은 도덕성의 문제일지 사회 가치체계의 문제일지 아무도 모른다. 다만 사회체계의 올바른 구축이 뒷받침해야 하며 안전하고 창조적인 가상현실 체험으로 나아가야 한다는 것은 명확하다.

여러분은 지금 메타버스를 하고 있는가? 여러분이 꿈꾸는 메타버스 속 나는 어떤 모습인가? 수학적 지식을 토대로 메타버스의 세계가 어떻게 만들어져왔고 변화할지 이제 만나보자!

contents

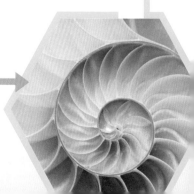

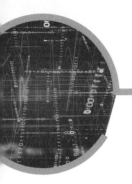

ISBN 978-89-5979-667-0

알고리즘

대수학에서 시작되다

인류는 철학을 기반으로 한 호기심을 풀기 위해 끊임없이 연구하고 질문하며 발전한 수학과 과학을 통해 지금과 같은 모습을 이룩했다. 그리고 갈수록 우리 사회는 수학과 과학을 기반으로 발전하고 있다.

그렇다면 현대사회를 이루고 있는 수학사 중 가장 큰 영향을 미친 수학적 업적으로는 어떤 것들이 있을까? 미래사회에 영향을 주고 있는 수학

분야로는 어떤 것들이 있을까?

피타고라스의 정리부터 당장 떠올릴 수 있는 수학적 업적들은 매우 많다. 수천 년 동안 연구되어온 수학은 크게 3분야로 나눌 수 있다. 대수학, 해석학, 기하학이다. 그중 대수학을 이야기해보려고 한다.

대수학은 수 대신에 문자를 쓰거나 수학 법칙을 간단하면서도 알기 쉽게 나타낼 수 있도록 했다. 그래서 대수학의 '대'는 한자 '代'로 문자를 대입해 문제를 해결한다는 의미를 나타내고 있다. 소인수분해, 이항과 약분, x나 y의 해를 구하는 것 모두가 대수학이다. 방정식을 떠올리면 금방 이해가 될 것이다.

이런 대수학을 좀 더 세분해서 들어가면 정수론, 선형대수학, 군론, 환론 등을 만나볼 수 있다.

하지만 이 책에서는 한 분야의 수학이 다른 수학적 발견에 어떤 영향을

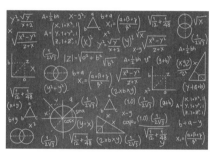

대수학은 수 대신 문자를 쓰거나 수학 법칙을 간단하고 알기 쉽게 나타낼 수 있도록 했다.

주면서 지금과 같은 현대사회로 발전했는지를 살피는 것에 목적이 있기 때문에 깊게 들어가기보다는 대수학을 시작으로 발전한 수학을 살펴볼 예정이다.

수학사에서는 알 콰리즈미$^{al-Khowarizmi,\ 783\sim850}$를 대수학의 아버지로 부른다.

알 콰리즈미는 저서 《알 자브르 왈 무콰발라$^{Al\ jabr\ w'al\ muqabalah}$》에서 대수학을 독립적 학문 분야로 보고 제1, 2차 방정식의 체계적 해법을 소개하고 인수분해를 다루었다.

알 콰리즈미가 수학사에 남긴 업적은 정말 다양하지만 그중에서도 수학의 주류로 기하학을 다루던 그리스 수학계와는 노선을 달리해 대수학을 연구하며 실수와 무리수, 기

하학을 체계적으로 다른 수학 분야에 적용시킨 것은 최고의 업적으로 꼽힌다. 복잡하고 계산이 어려워질 수도 있었던 수학을 간단명료하게 이해할 수 있도록 함으로써 시간과 노력을 다른 연구에 더 쏟을 수 있도록 그 초석을 다진 것이다. 대수학의 이차방정식을 기하학으로 풀어보는 다음 문제를 보면 더 쉽게 이해가 갈 것이다.

다음과 같은 이차방정식 $x^2+10x=39$이 있다. 이 2차방정식을 우리가 알고 있는 방정식 풀이로 직접 풀지 않고 기하학을 이용한 방법으로 풀어보자.

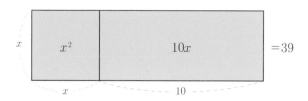

앞의 그림에서 $10x$인 직사각형을 2개의 동일한 직사각형으로 나누어 그림으로 나타내면 다음과 같다.

$$x \quad \boxed{x^2} \; + \; \boxed{5x} \; + \; \boxed{5x} \; = 39$$

이를 재조합한 후 정사각형을 1개 더 추가하여 식이 성립하게 하면 다음과 같은 그림이 된다.

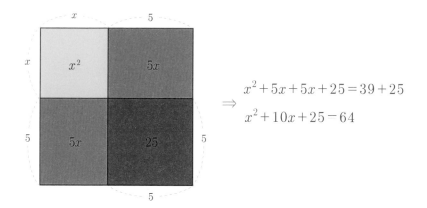

$$\Rightarrow \quad x^2 + 5x + 5x + 25 = 39 + 25$$
$$x^2 + 10x + 25 = 64$$

빨간 정사각형을 추가하여 커다란 정사각형을 완성하면 한 변의 길이가 $x+5=8$에서 x는 3이 되는 것을 알 수 있다. 이는 기하학을 통해 이차방정식을 푼 것으로, 기하학과 대수학이 만난 것이다.

이와 같은 증명 과정은 세부적이면서도 체계적 절차로 방정식을 풀었으며 완전제곱식을 이용한 것과 같다. 그리고 우리는 이 문제에서 알고리즘을 만나게 된다.

알 콰리즈미의 이름에서 유래한 것으로 알려진 알고리즘은 어떤 문제를 해결하기 위한 절차나 방법, 명령어들의 집합을 말한다. 시작은 수학적인 논리

알 콰리즈미.

해결이었으며 사람이 직접 문제를 해결하거나 비수학적인 것도 모두 알고리즘에 포함되지만 현대사회에서는 컴퓨터 용어로 많이 알려져 있다.

우리는 이제 인공지능의 시대로 가는 뿌리 중 하나를 발견했다.

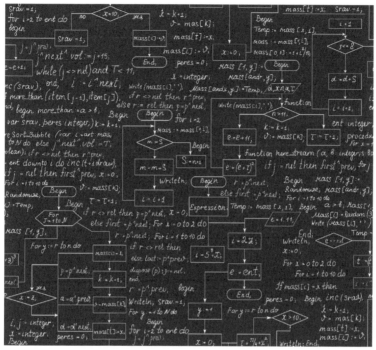

알고리즘은 수학과 과학뿐만 아니라 공학, 컴퓨터 프로그래밍, 사회 과학 등 다양한
분야에서 이용되고 있다.

허수의 발견

자연의 법칙에 위배되는 수의 중요성

우리는 알 콰리즈미의 업적으로 1, 2차방정식의 정립을 이야기했다. 그런데 사실 2차방정식은 기원전부터 알려져 있었다. 다만 수학자들은 2차방정식의 허근에서 나오는 허수의 존재를 인정하지 않았다. 현실세계에 마이너스라는 것은 자연의 법칙에 위배된다고 믿었던 것이다.

19세기까지도 허수는 조롱받는 수였다. 오랫동안 수많은 사람들에게 사랑받고 있는 동화

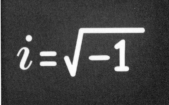

$$i = \sqrt{-1}$$

앨리스가 원래의 키로 돌아가기 위해 푸른 애벌레의 조언대로 버섯을 양 손으로 뜯고 있다.

《이상한 나라의 앨리스》 속 체셔 고양이는 수학자였던 루이스 캐롤이 허수의 존재를 비웃기 위해 만들어진 캐릭터라는 이야기까지 있을 정도로 오랫동안 환영받지 못했다. 허수의 발견자라고 불리는 카르다노마저도 허수를 쓸모없는 수라고 말할 정도였다(하지만 3차방정식을 풀 때 허수를 이용해 근을 찾아내는 실용주의자이기도 했다).

그런데 결국 수학자들은 허수의 존재를 인정할 수밖에 없었다. '수학왕'이라고 불리는 가우스는 허수를 이용해 '대수학의 기본정리'을 증명했으며 이 과정에서 실수와 허수가 결합된 복소수의 연구가 활발해졌다.

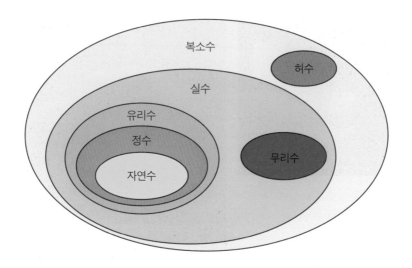

양자역학의 기초가 되는 슈뢰딩거의 방정식에도 허수의 존재는 중요하다. 그리고 현재 우주론에서 허수의 존재는 더욱 중요해지고 있다. 또한 전기공학과 전자공학 분야에서 파동계산을 할 때 허수의 존재가 꼭 필요한 것에서 알 수 있듯이 현대사회를 이루는 수많은 것들에 허수가 적용되고 있다. 당장 우리가 쓰고 있는 핸드폰이나 인터넷, 영상매체들 등 현대인에게 필수품인 항목부터 우리의 상상을 현실화시키는 모든 것에서 허수는 없어서는 안 되는 존재가 되었다.

그렇다면 허수는 어떤 수일까? 여러분은 고등교육을 받은 만큼 두 수를 곱하여 1이 되게 하는 수로 −1 또는 1을 금방 떠올릴 수 있을 것이다. 그런데 제곱하여 음수가 되는 수를 말하라고 하면 어떤 수가 바로 떠오르는가?

앞에서도 언급했지만 기원전부터 이차방정식을 연구했던 수학자들이 허수의 존재를 몰랐던 것은 아니다. 그런데도 16세기까지도 많은 수학자들이 이러한 문제에 대해 고민했다. 이전부터 수학자들은 제곱하여 음수가 되는 수를 구할 수 있을까를 찾다가도

$\sqrt{-1}=i$	$i^2=-1$
$i^3=-i$	$i^4=1$

16세기까지도 수학자들은 자연의 법칙에 위배된다며 허수의 존재를 인정하지 않았다.

존재하지 않는 수이기에 수학에 필요하지는 않다고 생각한 것이다.

1545년 이탈리아의 의사이자 수학자인 카르다노[Girolamo Cardano, 1501~1576]는 방정식에서 근을 구하다가 실수가 아닌 허수로 된 근을 발견했다. 가상의 수인 허수를 처음으로 발견한 당시 그는 이를 다항식의 근으로만 생각했다. 그래서 수학에만 한정해서 연구될 것으로 예상했다.

카르다노의 뒤를 이어 봄벨리는 허수에 대해 정의하고 복소수에 대한 체계를 잡았다. 다만 수학적 표기방법은 나타내지 않았다. 그리고 허수도 자연수처럼 계산이 용이하다고 설명하여 허수를 부정하던 수학계의 판도를 바꾸었다. 봄벨리는 허수를 이해한다면 연산도 자유롭게 할 수 있다는 것을 증명했다. 드디어 상상

의 수가 수학에 나타나기 시작한 것이다. 존재하지 않으면서도 존재하는 것으로 여겨지는 숫자의 새로운 출현이었다. 하지만 여전히 허수는 '교묘한 속임수'라는 꼬리표가 붙어 있는 상태였다.

그렇다면 수학자들은 왜 그렇게 허수의 존재를 부정했을까? 실제로 허수를 살펴보자.

$x^2 = -1$을 풀면 $x = \pm i$이다. 근을 보면 알 수 있듯이 두 수를 곱할 때 음수가 되는 수를 허수라고 한다. 그리고 허수를 'imaginary number'의 약자 i 로 처음 표기한 수학자는 오일러$^{Leonhard\ Euler,\ 1707\sim1783}$이다. 실수와 허수로 구성된 $a+bi$ 로 복소수를 나타낸 수학자도 오일러이다. 이를 진일보시켜 복소수를 좌표평면에 나타낼

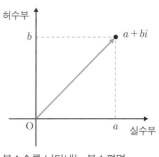

복소수를 나타내는 복소평면.

수 있도록 한 수학자가 바로 가우스이다. 가우스는 x축에는 실수부를, y축에는 허수부를 나타냈다. 이로써 실수만을 수로 인정하고 있던 수학자들은 실수와 허수를 합쳐서 복소수 체계를 만들면서 현대사회로의 여정이 열렸다. 앞에서도 언급한 대로 우리의 상상력이 현실이 되는 메타버스의 시대에 한발 다가가게 된 것이다. 이는 공학자들과 과학자들이 복소수를 이용해 많은 문명을

이루어냈기 때문이다.

　공학에는 여러 해를 갖는 다항식 모형을 기본으로 한 것들이
많다. 예를 들어 기계공학의 파동은 복소수와 밀접한 관계가 있
으며, 회로 이론에서도 간단한 회로를 나타내는 모형방정식에서
복소수를 사용한다. 전기공학에서도 실수보다 복소수를 더 많이
사용한다. 전류가 흐르면 실수로 흐르지 않으면 허수로 나타낸
다. 전기공학, 전자공학, 기계공학 등 응용과학 분야의 발전으로
현대사회를 살아가는 우리가 누리는 혜택들 중 많은 부분이 복소
수의 이용으로 가능해진 것을 확인할 수 있다.

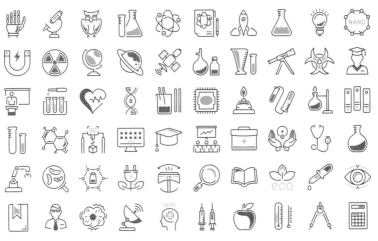

순수 과학과 응용 과학을 나타내는 다양한 과학 분야의 아이콘들.

이뿐만이 아니다. 순수과학 분야인 양자역학은 모든 부분에서 복소수를 사용한다고 보면 된다. 복잡한 진폭을 나타내는 입자의 파동함수는 복소수를 사용한다. 이 밖에도 복소수가 이용되는 것은 많지만 이 책에서는 여기까지만 언급하겠다.

유클리드의
《원론》

수학의 근원으로 받아들여진
기하학의 교과서이자 입문서

　　　　　　　　우리는 앞에서 대수학을 살펴봤다. 그리고 대
수학의 2차방정식을 기하학으로 풀어보았다. 그렇다면 기하학이
란 무엇일까?

　고대 그리스부터 연구한 기하학은 공간과 공간 내의 성질을 다
루는 학문을 말한다. 정확한 기록
은 없으나 최초의 기하학은 기원전
3,500년경 메소포타미아 지역의 바
빌로니아인으로부터 시작되었다고
알려져 있다.

기하학

그들은 놀랍게도 이미 피타고라스의 정리를 알고 있었다. 그리고 고대 그리스의 철학자이자 수학자인 피타고라스[Pythagoras, 기원전 580~500]가 바빌로니아 지방 근처를 여행하다가 이 위대한 정리를 습득했을 것이라고 역사학자들은 추측하고 있다.

본격적인 기하학의 시작은 고대 이집트라고 한다. 나일강의 범람과 피라미드의 건설로 이집트는 건축과 토지 측정에 적합한 방법들을 연구했고 이를 통해 수학적 지식을 이용한 창조와 건설의 공학이 발전한 나라가 된 것이라고 역사학자들은 말한다. 이집트는 실용 기하학이 발전할 수밖에 없는 환경이었던 것이다. 그런데 그리스 역시 기하학을 수학의 근원으로 보고 많은 연구 기록들을 남겨 우리가 사는 현재에도 여전히 영향을 미치고 있다.

실용적 목적으로 시작된 기하학이지만 철학, 연금술, 영적, 종교적 목적으로도 기하학은 활용되었다. 이를 위해 사용된 기하학 이미지들.

그후로도 기하학은 구체적인 학문으로 발전하며 현대사회의 근간을 이루고 있다.

그렇다면 수학의 시작이 기하학이 된 이유는 무엇 때문일까? 왜?라는 단어를 통해 발전해온 그리스와 이집트의 수학은 왜 기하학으로부터 시작되었을까?

그것은 가장 실용적인 분야이기 때문일 것이다.

수학에서 점은 0차원, 선분은 1차원, 면은 2차원, 공간은 3차원으로 보고 있다. 이 체계는 이미 고대 그리스의 수학자 유클리드의 《원론》에서 완성되어 있었다.

알렉산드리아 대학의 수학과 교수였던 위대한 수학자 유클리드^{Euclid, 기원전 330?~275?}는 기원전 300년경 당시 수학을 집대성했다. 유클리드는 10여 종의 저서를 집필했다고 하는데 현재 남아 있는 저서는 5종뿐이

1570년 영어로 번역된 유클리드 《원론》 표지.

다. 그중 기하학에 대한 많은 업적을 남긴 저서 《원론》은 2,000여 년 동안 수학계에서 교과서로 쓰였다. 특히 증명과 정리가 체계적으로 잘 되어 있었던 이 책을 연구하며 수많은 수학자들이 기하학과 정수론에 대해 많은 아이디어와 수학적 개념을 정립할 수 있었다.

《원론》은 15세기에 인쇄술이 발달하면서 널리 보급되어 그 후

'기하학의 바이블'로 불릴 정도로 가치로 인정받았으며 여러 차례의 수정과 편집을 거쳐 현대에도 교육용과 연구용으로 활용되고 있다.

우리나라 중고등학교 수학 과정에서는 총 13권으로 구성된 유클리드의 《원론》 중 1, 3, 4, 6, 11, 12권의 내용을 도형에 관한 작도 및 도형 문제를 중심으로 유클리드의 증명과 정리를 발췌해 소개하고 있다.

유클리드의 《원론》 중 중요한 것들을 일부 정리하면 다음과 같다.

제1권은 피타고라스 학파가 이미 연구한 결과를 내용으로 한다. 삼각형의 성질과 각도를 포함하여 다각형의 도형을 비롯하여 피타고라스의 정리에 관해 설명하고 있다. 그리고 공리와 공준에 대해 다음과 같이 정리하고 있다.

공리 5가지

① 동일한 것과 같은 것은 서로 같다.

② 같은 것에 같은 것을 각각 더하면 그 전체는 서로 같다.

③ 같은 것에 같은 것을 각각 빼면 그 나머지는 서로 같다.

④ 서로 일치하는 것은 서로 같다.

⑤ 전체는 부분보다 크다.

---

① 한 점에서 또 다른 한 점으로 직선을 그릴 수 있다.

② 유한한 직선을 무한히 연장시킬 수 있다.

③ 점을 중심으로 하고 그 중심으로부터 그려진 유한한 직선과 동일한 반지름을 갖는 원을 그릴 수 있다.

④ 모든 직각은 서로 같다.

⑤ 평면 위의 한 직선이 그 평면 위의 두 직선과 만나면 동측내각의 합이 180°보다 작으면 두 직선은 서로 만난다.

공리는 증명이 없어도 자명하게 받아들일 수 있는 명제이다. 모순이 없으며 당연하게 참으로 간주되는 것이다.

공준은 공리와 구분이 잘 안 되지만, 미세한 차이가 있다. 공준은 가정이 붙은 이론이다. 따라서 공리는 보편적인 진리이지만, 공준은 특수한 경우의 가정을 포함한 진리로 볼 수 있다.

제2권은 오직 14개의 명제만을 다루고 있다. 그리고 넓이의 변환과 피타고라스학파의 기하학적 대수를 다룬다. 제2권에서 특히 유명한 것은 코사인 법칙으로, 삼각형 ABC의 대변을 각각 a, b, c로 할 때 따르는 법칙 $a^2 = b^2 + c^2 - 2bc \cos A$가 소개된다. 이것은 피타고라스 정리를 일반화한 것이다.

제3권은 39개의 명제로 구성되며 원, 현, 호의 측정에 관한 것이다.

제4권은 정다각형의 외접과 내접에 관한 작도에 대해 논증하고 있다. 여기서 모든 정다각형을 논증한 것이 아니고 정삼각형, 정사각형, 정오각형, 정육각형, 정십오각형에 한해서이다.

| 정삼각형 | 정사각형 | 정오각형 | 정육각형 | 정십오각형 |

제5권은 에우독소스의 비례론을 상세히 설명했다.

제6권은 에우독소스의 비례론을 2차원 평면에 응용한 것이다.

제7권은 현재 '유클리드 호제법'으로 알려진 두 수의 최대공약수를 구하는 방법을 소개하고 있다. 수의 성질에 대해서도 설명한다. 유클리드 호제법은 수학의 알고리즘을 보여주는 최초의 방법으로 알려지게 된다. 알고리즘을 보여주는 최초의 방법이 되는 이

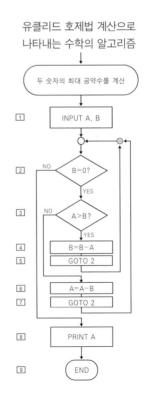

유클리드 호제법 계산으로
나타내는 수학의 알고리즘

유를 직접 확인해보자.

유클리드 호제법의 계산방법은 두 수를 계속 작은 수 위주로 빼면서 구한다.

예를 들어 635와 195의 최대공약수를 구해보자.

우선 큰 수에서 작은 수를 뺀다.

$$635 - 195 = 440$$

큰수 440에서 195를 빼면

$$440 - 195 = 245$$

큰수 245에서 195를 빼면

$$245 - 195 = 50$$

큰수 195에서 50을 빼면

$$195 - 50 = 145$$

큰수 145에서 50을 빼면

$$145 - 50 = 95$$

큰수 95에서 50을 빼면

$$95 - 50 = 45$$

큰수50에서 45를 빼면

$$50 - 45 = 5$$

큰수 45에서 5를 빼면

$$45 - 5 = 40$$

큰수 40에서 5를 빼면

$$40 - 5 = 35$$

큰수 35에서 5를 빼면

$$35 - 5 = 30$$

큰수 30에서 5를 빼면

$$30-5=25$$

큰수 25에서 5를 빼면

$$25-5=20$$

큰수 20에서 5를 빼면

$$20-5=15$$

큰수 15에서 5를 빼면

$$15-5=10$$

큰수 10에서 5를 빼면

$$10-5=5$$

5에서 5를 빼면

$$5-5=0$$

따라서 마지막에 5에서 5를 빼어 0이 되므로 알고리즘은 끝을 맺는다. 따라서 5가 최대공약수가 된다.

제8권은 등비수열을 다룬다.

제9권은 정수론의 기본정리를 설명하는데 소수의 개수가 무한 개임을 유한개로 가정하면 모순이 된다는 것을 증명한다. 그리고 등비수열의 공식과 1보다 큰 정수는 소인수들의 곱으로 되어 있음도 설명한다.

제10권은 무리수에 관해 설명하고 있다.

제11권은 공간에서 직선과 평면에 대한 정의와 정리를 소개하고 있다.

제 12권은 실진법을 다룬다.

제13권은 1개의 구에 다섯 개의 정다면체를 내접하는 작도 문제를 설명한다.

《원론》은 이와 같은 내용을 담은 465개의 명제가 실린 13권의 책으로 기하학에 관한 기본서이자 입문서로 평가받으며 인류사 전체에서 연구되어왔고 현대에도 여전히 중요한 위대한 저서이다. 다시 말해 《원론》은 유클리드가 여러 수학자들의 수학적 정의 및 정리를 매끈하고도 명쾌하게 증명해 당대 수학적 업적을 망라한 가치 높은 저술서이자 엄격한 수학적 증명을 잘 담아낸 논리적 사고의 저서로도 인정을 받고 있다.

1796년 19세의 나이에 가우스는 《원론》에 나오는 작도 이론을 적용해 정십칠각형의 작도를 성공해 매우 자랑스러워했고 수학자의 길을 선택하게 되었다고 한다. 《원론》에 실린 작도는 정십오각형까지만이었지만 원론의 이론을 토대로 정십칠각형을 작도한 것이다.

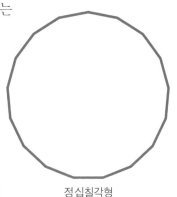

정십칠각형

수학자들의 작도에 대한 사랑은 계속되어 1832년에는 리첼롯 Friedrich Julius Richelot, 1808~1875이 정257각형을, 1894년에는 헤르메스 Johann Gustav Hermes, 1846~1912가 정65,537각형의 작도에 성공했다

고 한다.

　우리가 사는 세계에 대해 수학적으로 나타낼 때 기본적으로 알아야 할 것을 담은 유클리드의 《원론》은 수많은 수학자들이 다시 재정립하고 발전시켰다. 또한 기하학의 바이블처럼 여겨지던 유클리드 기하학의 5번째 공준이 항상 성립하지 않는다는 것이 증명되면서 19세기에는 비유클리드 기하학이 발전하게 되었다. 우리가 메타버스의 공간인 곡면에 대한 현실적 대응을 볼 수 있는 토대가 마련된 것이다.

　삼각형의 내각의 합은 180°이다. 모든 삼각형은 평면에서 이러한 성질이 성립한다. 그런데 지구본 같은 곡면에 삼각형을 그린다면 여전히 내각의 합은 180°가 성립할까? 답은 '아니다'이다.

　이때 생각할 수 있는 것이 곡률인데 유클리드 기하학은 곡률이 0인 것에만 한정하여 설명한 것이므로 현실적으로는 차이가 발생할 수밖에 없다. 이에 따라 타원과 곡면기하학이 탄생하게 되었다.

　이번에는 축구공을 떠올려보자. 축구공은 정오각형 12개와 정육각형 20개로 구성되어 있다. 그런데 입체도형인 구의 축구공을 이루는 정오각형과 정육각형의 면은 과연 평면일까?

　평면으로 보이는 이변은 사실 곡선으로 둘러싸여 있다. 다만 그 휘어진 정도가 미미하여 느끼지 못할 뿐이다. 축구공의 전개

도는 평면으로 그릴 수 있지만 완성하면 입체가 되므로 모든 면은 곡면이다.

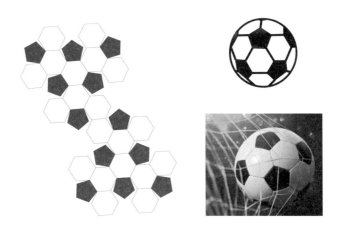

여러분은 평면인 지도를 보면서도 실제로는 굴곡과 경사진 지도의 모습을 떠올리게 된다.

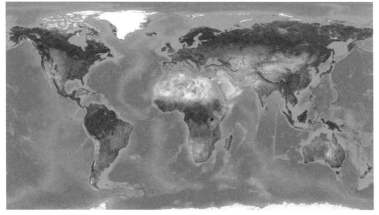

우리는 지도를 보면 평면이 아닌 입체적인 형태로 떠올린다.

유클리드의 《원론》에서 제시된 기하학은 기하학에 대한, 공간에 대한 입문서이지만 비유클리드 기하학이 더욱 현실적 공간을 보여주고 있는 것이다. 하지만 유클리드의 기하학에서 지금과 같은 기하학적 발전이 있게 되었음을 잊지 말자.

메타버스에 한 걸음 다가가다!

유클리드 기하학은 완전하다고 믿던 수학자들 속에서 비유클리드 기하학은 어떻게 탄생하게 되었을까?

시작은 유클리드의 5번째 공준인 평행선 공준에 대한 의심이었다. 그리고 결국 19세기 중반에 비유클리드 기하학으로 평행선 공준의 오류가 증명되었다.

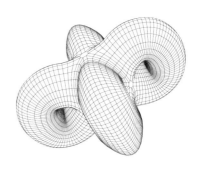

비유클리드 기하학 이미지의 예.

물론 여전히 유클리드 기하학은 수학자들에게 매우 소중한 자산이다. 지금도 학교 교육과정에 유클리드 기하학의 기본 개념과 정의가 채택되고 있으며 이는 매우 유용하고 수학에 절대적으로 필요한 기초입문서로 받아들여지고 있다. 수학자들 역시 기하학 연구에 많은 참고와 응용을 하고 있으며 논리력과 수리력의 발전에도 기여하고 있다. 유클리드 기하학은 직관적이지 않으면서도 엄밀한 논증에 따르는 장점이 있다.

그렇다면 비유클리드 기하학은 수학계에 어떤 영향을 미쳤을까?

비유클리드 기하학의 발견은 수학계에 극적 전환기를 가져왔을 뿐만 아니라 물리학계에도 큰 영향을 미쳤다. 그중 대표적인 예가 바로 아인슈타인의 상대성이론이다.

완벽하다고만 여겨왔던 유클리드 기하학의 5번째 공준에 수학적 의문을 제기한 수학자는 가우스이다. 그런데 그는 비유클리드 기하학을 발표하지 않았다. 그가 세상에 발표를 하지 않은 이유는 5번째 공준에 대한 그의 연구가 수학계에 불러올 커다란 파장을 우려해서일 것이라고 한다. 그때까지도 유럽의 수학계를 지배했던 유클리드 기하학이 완전하지 않다는 그의 연구는 반박과 저항을 불러오면서 일대 혼돈이 생길 것을 우려해 끝내 발표하지 못했던 것이다.

가우스마저도 발표를 주저했던 비유클리드 기하학을 세상에 공표한 용감한 수학자는 보여이$^{\text{Bolyai János, 1802~1860}}$와 로바쳅스키$^{\text{Nikolai Ivanovich Lobachevskii, 1792~1856}}$이다. 각각 비유클리드 기하학을 독자적으로 발표하며 보여이와 로바쳅스키는 제5공준에 오류가 있음을 밝혔다.

독자적인 연구로 비유클리드 기하학을 발표한 보여이와 로바쳅스키의 연구결과는 현재 쌍곡기하학으로 부른다. 그들은 직관적으로 쌍곡기하학이 오점이 없음을 주장하고 이를 연구했는데, 1868년 이탈리아의 수학자 벨트라미$^{\text{Eugenio Beltrami, 1835~1900}}$가 이들의 이론을 증명함으로써 수학계에서는 비유클리드 기하학의 쌍곡기하학을 신뢰하게 되었다.

쌍곡기하학의 이미지와 쌍곡기하학을 이용한 건축 설계 모델.

이를 더 확실하게 자리 잡게 한 것은 리만$^{\text{Georg Friedrich Bernhard Riemann, 1826~1866}}$의 타원기하학이다.

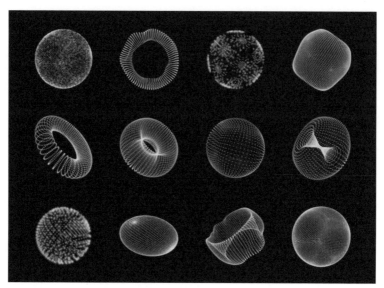

3D 모델링으로 이미지화한 타원기하학의 예.

비유클리드 기하학은 확장되어 "공간이 휠 수 있는지?"에 대한 과학적 연구에 응용되게 되었다. 그 결과 우리가 사는 시간과 공간은 모두 휘어 있는 모습임이 증명되었다. 현실을 증명하고 설명하기 위한 복잡한 과정을 비유클리드 기하학은 매우 간소화시켜 준 것이다.

유클리드 기하학의 공준의 모순을 확인하고자 했던 수학자의 호기심에서 탄생한 비유클리드 기하학은 이렇게 세상을 바꾸어 가고 있다. 물론 모순이 발견되어 그 완전성은 깨졌지만 유클리드 기하학은 수학에서는 구구단 같은 존재로, 여전히 그 중요성을 인정받고 있다. 유클리드 기하학은 도형과 공간을 다루는 기하학의 기본을 자세히 설명하기 때문이다.

그렇다면 현대사회에 큰 영향을 미치고 있는 비유클리드 기하학을 우리가 실감하는 경우는 언제일까? 우리가 비유클리드 기하학을 쉽게 만나는 장소는 인테넷 상에서일 것이다.

지구는 평면이 아닌 곡면이고 구 모양인 것은 누구나 다 아는 사실이다. 당연히 비유클리드 기하학에 따라 인터넷 연결망을 형성해야 한다. 우리나라와 미국, 일본이나 유럽 등 국제 사회는 1:1 연결을 할 때 지구의 특성이 곡면을 따른다는 것을 기본으로 인터넷 연결망을 형성하고 있다.

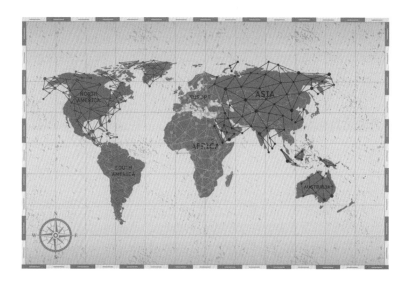

인류의 오랜 무역 통상로도 인터넷 연결망과 유사한 패턴이다. 비유클리드 기하학이 수학적으로 타당하다는 것이 증명된 후 현대사회의 다양한 분야에서 원활하게 서로 연결되기 위해서는 비유클리드 기하학이 필요했던 것이다. 인터넷 연결을 위해서는 물리적 거리와 속도가 필요한데 이때 비유클리드 기하학이 이용된다. 비유클리드 기하학은 국가 간의 이메일 전송, 이미지 전송, 동영상 전송 등 여러 편리함을 제공하기 때문이다.

그리고 과학과 공학의 영역에서 빠지지 않을 만큼의 중요한 수학 분야이기도 한 비유클리드 기하학은 메타버스의 세상을 완성하는 한 축이 되고 있다. 비유클리드 기하학이 없다면 메타버스 세계는 상상도 할 수 없고 꿈도 꿀 수 없다고 할 정도이다.

우리는 지금 고대에서 발견된 수학이론이 계속해서 다른 수학 분야에 영향을 주고 발전하면서 새로운 세상을 만드는 기초가 되는 과정을 보고 있다. 몇 세기 전의 수학이 우리의 미래를 바꾸고 있는 것이다.

형이상학

수학이 철학을 만나다

오랜 시간 인류는 자연과 사람에 대한 호기심을 가지고 살아왔다. 그리고 이 호기심을 충족하기 위해 발전한 학문이 바로 철학과 과학이다. 그런데 재미있게도 고대 그리스 철학자들은 철학자이자 과학자이며 수학자였다.

인문과 과학을 함께 연구한 것이다. 그렇다면 철학이란 무엇일까? 사전에서는 인간과 세계에 대한 근본

원리와 삶의 본질 따위를 연구하는 학문. 흔히 인식, 존재, 가치의 세 기준에 따라 하위 분야를 나눌 수 있다고 정의하고 있다. 자신의 경험에서 얻은 인생관, 세계관, 신조 따위를 이르는 말도 철학이다.

그런데 현대의 철학은 어렵기만 하다. 또 철학을 공부해야 할 이유를 찾지 못하기도 한다. 하지만 이 철학이 없다면 과학이 우리의 생각을 현실로 만드는데 분명 한계가 생긴다. 수많은 과학자들이 인문학의 중요성을 강조하는 것은 같은 이유에서다. 여러분의 즐거움을 책임지는 영화, 만화, 애니메이션, 다양한 게임들은 인간의 상상력을 기반으로 가능할 수 있었고 인간에 대한 예의와 삶에 대한 기준 역시 철학적 사고력을 바탕으로 하고 있다. 철학은 지혜를 사랑하는 학문이기 때문이다.

그리고 이제 우리는 메타버스의 세계를 경험하기 시작했다. 3차원 가상현실인 메타버스는 철학 중 형이상학에서 온 것임을 여러분이 안다면 철학이 매우 필요한 학문이구나!를 절실히 깨달을 것이다.

형이상학metaphysics은 세상에서 일어나고 있는 자연현상의 궁극적 원리를 연구하는 학문이다. 감각이나 경험을 뛰어넘어 보편적인 인식에 근거한 것을 연구한다. 그래서 존재자의 근본원리를 연구하는 학문으로도 정의한다. 존재자는 세계로도 볼 수 있는

데, 과학은 어떤 특수한 영역의 존재자(세계)를 구성하는 원리를 탐구하며, 물리학은 물리사상을 성립하는 물리법칙을 연구하고 심리학은 인간의 심리를 연구하는 것이다. 또한 형이상학은 영역적으로 한정된 지식이 아닌 보편적으로 널리 전체적인 지식을 연구한다. 모든 존재자에게 근거를 부여하는 지식이기도 하다. 결국은 세계의 본질을 넘어선 탐구 능력으로 말할 수 있다.

형이상학을 학문으로 정립한 최초의 학자는 아리스토텔레스 Aristoteles, 기원전 384~322이다. 아리스토텔레스가 학문 체계의 가장 최고위에 둔 제1철학은 우주론과 존재론, 신학 등을 담고 있다. 이는 하나의 궁극적 실제근로서 신의 지식이기도 한다.

제2철학에는 자연과학과 수학이 해당된다. 형이상학은 모든 학문의 근본적 토대가 되었으며, '만학의 여왕'이라고도 불렸다.

형이상학의 유래는 로도스의 안드로니코스 Andronicus of Rhodes, 생몰연도 미상가 아리스토텔레스의 저서를 정리하여 편찬하면서 아리스토텔레스의 《제1철학》을 모아 자연학(physics: 천문, 기상, 동식물, 심리 등) 뒤에 오는 책이라고 한 것에서 이름이 유래했다. 우리나라는 일본을 통해 소개되면서 일본의 학자들이 'metaphysics'를 주역의 문구에서 가져와 '형이상학'으로 번역한 것에서 유래한다.

중세로 오면 형이상학은 일반 형이상학과 특수 형이상학으로 나뉜다. 일반 형이상학은 존재론의 주제를, 특수 형이상학은 신학과 우주론을 주제로 담고 있다.

중세의 형이상학은 기독교 신학theology에 철학적 내용을 담았고 이로 인해 근대에서는 형이상학의 본질 추구에 주목하게 된다. 지금까지의 형이상학의 원래 목표와 달라지게 된 것이다.

또한 근대과학이 발달하면서 고대와 중세를 아울렀던 일관된 종교적 세계관이 무너지고, 경험과학의 방법으로 얻는 것만이 유

일한 것으로 인식하게 된다. 근대 과학의 발달이 형이상학의 자리를 빼앗은 것이다. 그리고 근대의 경험주의 또한 형이상학을 매도하고 부정적 이미지로 만드는 데 일조했다. 콩트Auguste Comte, 1798~1857의 실증철학도 형이

콩트.

상학을 무너뜨리는 계기가 되었으며, 근대적 사고방식으로의 전환을 꾀하는 원인이 되었다.

이처럼 냉대받던 형이상학을 베르그송Henri Bergson, 1859~1941과 하이데거Martin Heidegger, 1889~1976가 다시 부활시킨다.

형이상학은 폭넓게 사

베르그송.

하이데거.

고하며 물리학, 생물학, 지질학, 사회과학들을 종합한다. 이것이 바로 아리스토텔레스적인 의미의 형이상학이다. 그리고 이것을 베르그송이 받아들인 것이다.

현대 철학의 아버지로 불리는 베르그송은 아리스토텔레스의 형이상학을 받아들여 연구한 끝에 무한소의 개념으로 미분의 연속성을 정복했다. 19세기였던 당시 미적분은 아직도 많은 연구가 필요한 수학 분야였다.

또 제논의 패러독스에서도 이와 같은 문제를 살펴볼 수 있다. 시간을 분할하여 보니 '아킬레스는 거북을 영원히 따라잡을 수 없다'가 되는 것은 근대 과학의 해석에서 분할에 집중하여 나타난 문제점으로 보고 시간은 분할하는 것이 아닌 연속성으로 보는 것임을 인지한 것이다. 따라서 베르그송은 "이 세계의 근간은 시간의 연속성이다"라고 주장했다.

베르그송의 근대과학관은 액체였다. 그러나 근대과학의 현실은 고체와 같아서 베르그송은 이에 대해 비판하기도 했다.

액체의 본질은 유동성이며 고체의 본질은 확고함이다.

액체는 유동성(흐름)이 본질이고, 고체는 확고함(고정 형태)을 본질로 볼 수 있다.

그렇다면 베르그송의 논리에 따라 시간을 액체로 봤을 때 시간은 연속이고, 분할하기도 어려운 존재이다. 연속적이므로 지속적이다. 그러나 고체는 칼로 자를 수 있는 분할한 존재이다. 고체는 길이와 크기가 고정되어 있기 때문이다.

시간에 대한 오랫동안의 왜곡은 시간을 공간화하고 분할해서 생각했기 때문에 일어난 일이었다. 시간은 지속적이라는 것에 의미를 둔 것은 근대과학의 변화를 일으켰다.

흐르는 시간을 공간화하고 분할할 수는 없다.

베르그송은 미적분학이 자신이 주장했던 시간의 연속성에 대해 수학적으로 잘 나타냈다고 믿었다. 연속적 운동을 수학으로 잘 나타낸 것이 미적분이기 때문이다.

한편 18세기에는 베르그송보다 약 2세기 앞서 라이프니츠가 형이상학을 연구했다. 라이프니츠는 말년인 1714년에 모나드에 관한 저서를 발간한다. 이 책은 라이프니츠의 형이상학에 관한 사상을 잘 보여준다. 탈레스[Thales, 기원전 624~545]는 모든 만물의 근원이 물이라고 했으며, 데모크리토스[Democritos, 기원전 460?~370?]는 원자라고 했다. 라이프니츠는 서구 전통 철학 중에서 형이상학의 마지막을 장식하는 주자로 여겨진다.

라이프니츠가 형이상학에 관심을 갖게 된 것은 30년 전쟁이라는 긴 종교전쟁과 분열되는 여러 국가도 한몫을 한 듯하다. 그가 본 세상에서 어떻게 조화를 이루고 평화롭게 세상이 유지될지에 대한 문제에서도 형이상학의 필요성을 절실히 느꼈다고 한다. 또한 형이상학을 통해 현실의 문제점을 짚어보기도 했다.

라이프니츠의 저서 《모나드론》은 간결하게 요약하여 분량이 적은 편이지만 깊은 의미를 지닌 것으로 평가받고 있다.

17세기까지도 이 세상은 신이 직접 제작한 설계도로 생각되었다. 이에 대해 라이프니츠는 부연 설명을 시도 했는데 그의 설명은 다음과 같다.

개별 객체인 모나드^{monad}는 힘의 중심이자 정신을 갖는다. 세상은 모나드의 복합체이다. 모나드는 하나의 소우주이며, 소우주가 결합하면 대우주가 된다.

모나드는 외부와 단절이 되어 있으며, 자연발생적으로 생기거나 소멸하지 않는다. 오직 신만이 모나드를 생성하거나 소멸할 수 있다. 그리고 최고의 모나드는 신이다.

모나드는 또한 인간의 DNA처럼 정보를 저장하며 정신적인 상태로 존재한다. 모나드가 서로 소통하지 못하는데 어떻게 결합하는지 의문을 제기할 수 있다. 오케스트라를 생각해보자. 서로 다른 악기 연주자들과 지휘자가 음악을 연주한다. 그러면 서로 다른 악기 연주자는 각각의 모나드이며 그럼 지휘자는 신이다.

〈모나드론〉은 오케스트라 연주처럼 악기 연주자들과 지휘자가 서로 조화를 이루는 것과 같다.

모나드는 미적분에서 무한소미분에 대해 베르그송보다 무려 200여 년 더 앞서 제안되었는데 지금도 인공지능과 가상현실, 생물의 복합체 연구 등 많은 분야에 응용되고 있다. 물론 모나드는 메타버스의 생성에도 기여한 요인 중 하나이다.

무한

메타버스의 공간을 묘사하다!

수천년 동안 수학자들을 괴롭힌 이슈가 있었

다. 그것은 바로 무한에 대한
것이다. 기호 ∞로 나타내는
무한은 끝없이 전개되는 상태
를 의미한다.

사람의 수명은 유한하다. 대부분의 사람은 100세가 되기 전에
죽는다. 100세를 초과하는 삶을 살더라고 수명은 무한하지 않다.
이처럼 유한한 삶을 사는 우리가 영원하다는 무한^{infinity}의 개념
을 정확하게 이해할 수 있을까?

숫자를 자연수 1부터 나열해보자. 1, 2, 3, 4, 5, …로 시작할 것이다. 자연수 중 가장 작은 수는 1이지만 가장 큰 수는 모른다. 가장 큰 수는 구할 수 없으며 자연수가 끝없이 나아가는 상태로만 이해하는 것이다.

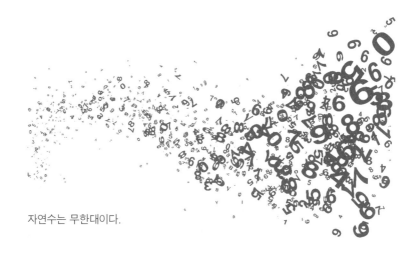

자연수는 무한대이다.

무한을 이해하기 어려운 또 다른 문제이자 재미는 연산에도 있다. 무한에 무한을 곱하면 무한이고, 무한에 1을 더해도 여전히 무한이다. 즉 $\infty + 1 = \infty$이 되는 것이다. 심지어는 무한에 무한을 더해도 무한이 된다. $\infty + \infty = \infty$가 되는 것이다.

무한에 관한 예 중에서 케이크를 사람들에게 나누어주는 것이 있다. 1개의 케이크가 있다고 하자. 그 케이크의 크기는 여러분이 엄청나게 크던 작던 마음대로 상상하면 된다. 다만 크기가 일정하다고 생각하자.

1명의 사람에게 케이크를 나누어준다면(나누어준다를 떠올리기보다는 전체를 다 준다고 생각하는 것이 나을 수 있다.) 1만큼 주는 것이 된다. 2명의 사람에게 나누어주면 $\frac{1}{2}$씩 나누어주는 것이 된다. 이렇게 나누어주는 것은 분수를 계산하는 것이 되는데, 그러면 n명의 사람에게는 $\frac{1}{n}$을 주는 것이 된다.

그렇다면 무한 명의 사람에게는 얼마만큼의 케이크를 나누어줄 수 있을까?

우선 답을 말하자면 무한명의 사람에게 주는 케이크의 크기는 0이다.

케이크를 이 많은 사람들에게 주기 위해 나눈다면 사람들에게 줄 케이크의 크기는 0에 가까워질 것이다.

분모인 나누어주는 사람들이 무한에 다가가면 나누어주는 케이크의 크기가 0에 가까워진다. 즉 0이 되는 것이다. 거꾸로 0명의 사람들에게 나누어주는 케이크의 크기는 무한이 된다.

무한은 역사가 오래된 수학적 개념 중 하나이다. 그래서 무한에 관한 유명한 일화가 있다. 고대 그리스 사람들은 무한이라는 개념에 진심이어서 상당히 많은 논의와 논쟁을 했던 듯하다. 철학과 과학을 꽃피웠던 그들마저도 무한은 쉽게 정의내리기 어려운 개념이었을 뿐 아니라 진리로 정의내리기기도 어려운 주제였다.

기원전 5세기에 그리스의 저명한 철학자인 제논은 아킬레스와 거북의 패러독스를 설명했다.

그리스 신화에 등장하는 아킬레스는 가장 운동을 잘하는 대표적인 인물이다. 그리고 거북이는 우리가 알고 있는 모든 동물 중 가장 느린 동물의 대표주자이다.

이런 아킬레스와 거북이가 100m 달리기 경주를 하게 되었다.

출발선에서 아킬레스보다 50m 먼저 거북이가 출발하기로 한 뒤 경주가 시작되었다.

5초가 지났을 때 아킬레스는 거북이가 출발했던 50m에 도달했다. 그리고 그 사이 거북은 출발선에서 5m 떨어진 지점으로 기어갔다.

0.5초가 지나자 다시 아킬레스는 거북의 지점에 도달했지만 그 사이 거북은 0.5m를 더 기어갔다.

계속해서 아킬레스는 0.05초가 지나자 거북이가 0.5초에 도달했던 거리를 따라잡았다. 하지만 그 사이 거북이는 다시 0.05m를 앞질러 간 상태였다.

이대로라면 아킬레스는 거북을 절대 따라잡을 수 없다. 이것이 바로 제논의 패러독스이다. 그리고 우리는 이것이 거짓임을 안다.

제논의 패러독스은 언뜻 맞는 것 같지만 현실에서는 약 5.6초가 지나면 아킬레스는 거북을 이미 앞지르고 있다.

제논의 패러독스는 약 1,500년의 세월이 흐른 후 갈릴레오의 무한에 대한 접근을 멈춘 패러독스로 발전했다. 그렇다면 갈릴레오의 패러독스는 어떤 것인지 살펴보자.

자연수와 완전제곱수의 일대일대응을 생각해보자.

오른쪽 그림처럼 일대일대응이 되어 자연수와 완전제곱수는 서로 짝을 지을 수 있다. 이것을 '갈릴레오의 패러독스'라 한다. 이 패러독스는 결국 유한한 크기에서는 성립하지 않으며, 무한집합과 유한집합은 다른 것으로 결론 짓게 된다. 즉 유한집합은 '더 많다', '더 적다', '같다'는 크기를 비교할 수 있지만 무한집합은 서로 대소관계로 비교할 수 없으며 무한끼리는 크기가 같은 것으로 본다.

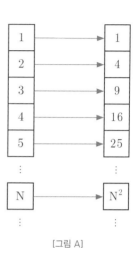

[그림 A]

우리는 왼손과 오른손에 각각 5개의 손가락을 갖고 있다. 손가락은 엄지, 검지, 중지, 소지, 약지로 되어 있다. 왼손의 엄지와 오른손의 검지, 왼손의 소지와 오른손의 약지… 아니면 왼손과 오른손의 엄지끼리, 검지끼리,… 일대일대응으로 서로 맞추더라도 손가락의 짝은 맞는다. 이것은 달리 말해서 서로 개수가 같다고도 할 수 있다.

이번에는 손가락이 무한개라고 생각해보자. 우리는 손가락의 개수를

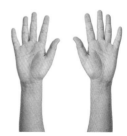

오른손과 왼손은 서로 각각 대응된다.

셀 수 없다는 것을 알지만 무한개라도 일대일대응이 된다면 두 손의 개수는 같다는 것도 안다.

독일의 수학자 칸토어$^{\text{Georg Cantor, 1845~1918}}$는 현대 집합론을 창시했다. 칸토어는 집합의 크기를 기수^{cardinality}로 부르며 집합이 자연수 1, 2, 3,…과 일대일대응을 이루면 기수는 셀 수 없이 무한하다고 주장했다. 그는 무리수와 유리수는 무한개수로서는 공통이지만 개수는 무리수가 더 많음을 증명한 뒤 자연수의 기수를 가장 기본적인 것으로 '알레프 눌$^{\text{aleph null}}$'로 부르고, $\aleph_0$로 표기했다.

칸토어의 무한의 업적 중에서 가장 잘 알려진 것은 무한의 크기를 비교한 것이다. 이는 갈릴레오가 주장했던 모든 무한의 크기는 같다는 것이 무너지는 순간이었다.

칸토어는 대각선 논법을 통해 유리수를 개수로 나타냈을 때 자연수와 일대일대응이 됨을 증명했다. 따라서 자연수와 유리수의 개수의 크기는 $\aleph_0$로 같은 것이다. 자연수 또는 유리수와 일대일대응이 성립하지 않는 실수를 기수가 더 큰 $\aleph_1$으로 나타냈다. 모든 무리수는 실수로 나타낼 수 있다.

$\aleph_1$은 C(Cardinality ; 집합의 원소 개수)로 나타내기도 한다. $\aleph_1$은 $2^{\aleph_0}$으로 $\aleph_0$보다 기수가 더 크다. 같은 논리로 $\aleph_2$는 $2^{\aleph_1}$으로 $\aleph_1$보다 기수가 더 크다. 즉 $\aleph_{n+1} = 2^{\aleph_n}$이다. 그리고 $\aleph_0, \aleph_1, \aleph_2, \aleph_3,$

$\aleph_4$, $\aleph_5$, ⋯를 초한수$^{\text{transfinite number}}$로 불렀다.

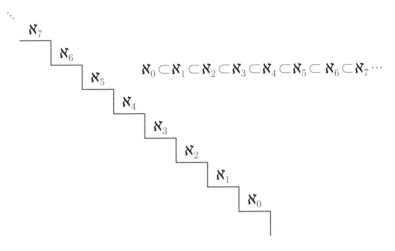

$$\aleph_0 \subset \aleph_1 \subset \aleph_2 \subset \aleph_3 \subset \aleph_4 \subset \aleph_5 \subset \aleph_6 \subset \aleph_7 \cdots$$

초한수의 크기가 클수록 높이가 무한한 계단의 더 높은 위치에 있을 것으로 생각할
수 있다.

그러면 $\aleph_0$와 $\aleph_1$ 사이에 무한이 존재할까? 아니면 $\aleph_0$ 다음 무
한수가 바로 $\aleph_1$인 것일까?

칸토어는 $\aleph_0$ 다음수가 $\aleph_1$인 것을 연속체 가설로 부르며 패러
독스를 생성했다. 그러나 이것을 증명할 뚜렷한 방법이 없었다.

그런데 1930년대에 오스트리아의 논리학자인 쿠르트 괴델이
연속체 가설은 오류(모순)가 없다는 것을 증명해냈다. 1963년에
는 폴 코언$^{\text{Paul Joseph Cohen, 1934~2007}}$이 연속체 가설은 논리적으로
참임을 증명할 수 없음을 증명했다. 결국은 연속체 가설은 참이

나 거짓으로도 가정할 수 있다. 코언은 이 연구결과로 1966년 필즈상을 수상했다.

무한에 관한 패러독스 중 자주 언급되는 것으로는 힐베르트의 무한 호텔 패러독스가 있다. 매우 유명한 힐베르트의 무한호텔은 무한에 관해 우리가 받아들일 수 있는 정리를 보여준다.

힐베르트의 무한호텔에 오신 것을 환영합니다.

힐베르트의 무한호텔은 객실이 무한이다. 그리고 객실은 지금 꽉 차 있다.

그런데 힐베르트의 호텔에 투숙하기 위해 손님이 1명 찾아왔다. 모든 객실은 만실인 상태에서 힐베르트 호텔의 지배인은 새로운 손님에게 객실을 내줄 수 있을까?

우리는 상식적으로 이미 꽉 찬 객실이면 더 이상 손님을 받을 수 없다는 것을 안다. 그러나 무한호텔에서는 투숙객을 받는 것이 가능하다.

먼저 1번 방에 있는 손님을 2번 방으로, 2번 방에 있는 손님을 3번 방으로, 3번 방의 손님을 4번 방으로, ⋯ , n번방의 손님을 $(n+1)$번 방으로 옮기면 1번 방이 비게 되어 새로운 손님에게 내어주면 된다.

이렇게 평화롭게 새로운 손님을 받아들였던 힐베르트 호텔에 이번에는 무한한 손님을 태운 버스가 왔다. 몇 명도 아니고 무한한 손님이 투숙하기 위해 찾아온 것이다. 힐베르트의 지배인은 이 손님들을 위해 어떻게 방을 마련했을까?

이번에는 기존 손님들의 방 번호에 해당하는 숫자에 2를 곱하여 1번 방은 2번 방으로, 2번 방은 4번 방으로, 4번 방은 8번 방으로, ⋯ 이동시킨다. 이렇게 하면 짝수에 해당하는 무한 개의 방에 있던 손님들은 짝수 방 번호로 모두 이동하고 홀수 번호의 방들은 비게 된다. 따라서 새로운 무한명의 손님들에게 차례로 홀수 방을 내어주면 된다.

무한 객실이므로 홀수 번에 해당하는 방 번호에 모든 손님을 받으면 객실에는 모두 손님을 받을 수 있는 것이다.

첫 번째 질문은 무한에 1을 더하면 역시 무한임을 보여준다.

$$\infty + 1 = \infty$$

무한에 n을 더해도 무한이다.

$$\infty + n = \infty$$

그리고 두 번째 질문은 무한에 2를 곱한 것을 나타내는데 이 또한 무한으로, $\infty \times 2 = \infty$임을 보여준다. 무한을 여러 번 더해도 무한이다. 식으로 나타내면 $\infty + \infty + \infty \cdots = \infty$이다. 힐베르트의 패러독스는 이러한 무한에 관한 연산도 논리적으로 설명했다.

미적분

잘게 나누는 미분과 쌓는 적분

우리는 지금까지 우리가 살고 있는 현실 그리고 앞으로의 새로운 시대를 열어갈 메타버스의 기본이 되는 수학들을 살펴봤다. 그리고 이번에도 수학사뿐만 아니라 과학사의 커다란 진보를 이끈 수학적 발견을 소개하려고 한다. 여러분이 학교에 다닐 때 필수적으로 배운 미적분이다. 수학에 조금이라도 관심이 있다면 미적분이 우리 일상생활을 바꾸는데 크게 일조했음을 알 것이다.

미분differentiation은 '잘게 나눈다'의 의미인 한자 微分를 사용한다. 여러분은 학창 시절에 그래프의 접선의 기울기를 구했던 것을 기억할 것이다. 기울기를 구하는 방식은 잊었어도 접선의 기울기는 기억할 것이다. 수많은 곡선 그래프의 기울기를 구할 때 미분을 계산해 대부분의 문제를 풀었을 수도 있다. '증명에도 그래프의 접선의 기울

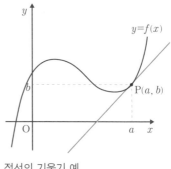

접선의 기울기 예.

기를 구하는 것 아니었어?'라고 되묻는 사람도 있을 것이다.

맞다. 미분은 정의가 여러 가지이며 공식 또한 무척 많아서 정의에 혼란을 줄 수도 있다. 미분은 '함수의 기울기', 'x의 변화에 따른 y의 순간변화율', '순간의 변화를 예측하는 계산방법', '운동이나 함수의 순간적 움직임을 기술하는 분석법', '접선을 구하는 것', '함수의 작은 변화값을 나타내는 무한소' 등 여러 가지 정의가 있으나 '함수의 그래프를 돋보기로 아주 크게 확대하여 변화를 보는 것'으로 하면 한층 더 이해가 쉽다.

적분^{integral}의 정의는 '평면도형이나 입체도형의 정해진 구간 내에서 넓이 및 부피를 구하는 것'으로 생각할 수 있다. '쌓는다'의 의미의 한자 積分을 사

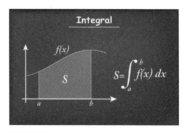

적분의 예.

용한다.

'잘게 나눈다'는 한자를 쓰는 미분과 '쌓는다'는 한자를 쓰는 적분은 서로 반대되는 의미를 보여준다. 계산방법도 반대로 풀면 된다. 그래서인지 적분이 먼저 발견되었지만 미분이 발견되자 수학계에서는 미적분으로 한데 묶어 연구해왔다.

미적분의 발견 시기는 고대 그리스부터 시작된다. 아르키메데스는 무한소와 곡선 위의 접선을 작도하기 위해 미분에 대한 연구를 했다. 유럽에서는 역학 중 물체의 시간에 따른 거리의 변화율 연구에 직접적으로 정의하지는 않았지만 미분에 대해 나타낸 바 있다.

이처럼 오래 전에 미적분의 흔적이 있음에도 불구하고 미적분의 창안자는 17세기를 살았던 뉴턴과 라이프니츠로 본다. 그리고 17세기의 위대한 수학적 발견을 미적분으로 평가하는 수학자들이 많다.

미적분의 발견자이지만 뉴턴과 라이프니츠의 미적분학 연구에는 분명한 차이점이 있다. 먼저 뉴턴은 수학만이 아니라 물리학과 지

뉴턴.　　　　라이프니츠.

구과학에도 미적분을 적용해 광범위한 분야에서 미적분학의 발전에 기여했고, 라이프니츠는 수학의 본질에 충실한 연구를 하면서 미적분의 표기법에 위대한 공헌을 했다. 미적분의 이용 범위가 이처럼 큰 차이가 나면서 수학적 미적분학 연구에 힘쓴 라이프니츠의 미적분이 더 효율적으로 수학의 모든 분야에 확장해 사용하기 편한 장점을 가지게 되었다.

뉴턴은 연구뿐 아니라 저술에도 매우 열정적이었다고 한다. 하루 중 18시간을 저술에 집중할 정도였다고 하니 대단한 집중력과 능력을 보여주는 수학자이자 과학자이다.

뉴턴의 저서 《프린키피아》는 당시 뉴턴의 업적뿐만 아니라 과학의 이론을 설명하는데 매우 중요한 저서이다. 만유인력의 법칙도 이 저서

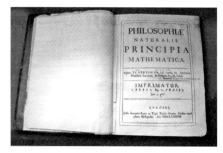

《프린키피아》. ⓒ CC-BY-2.0; Andrew Dunn

에 소개되어 있다. 《프린키피아》를 읽으면 뉴턴의 천재성에 놀랄 뿐 아니라 수학의 필요성을 절실히 깨닫는다고 한다. 미적분의 필요성은 두말할 나위 없다.

아인슈타인의 상대성이론이 세상에 소개되기 전까지는 유럽의 수많은 과학자들에게 가장 많은 영향을 준 과학자가 뉴턴인 만큼

그의 대표적인 저서 《프린키피아》가 준 영향력은 대단한 것이었다. 뉴턴은 다른 수학자들이 증명하지 못한 수많은 미해결 문제나 가설도 완벽히 증명한 것도 많았는데 그중에는 이항정리의 초기 귀납법의 일반화에 대한 기록도 남아 있다. 이 이항정리의 초기 귀납법의 일반화에 대한 증명은 그로부터 150년이 지나 천재 수학자 아벨에 의해 이루어졌다.

미적분에 대한 뉴턴의 연구 중 '유율법'은 매우 유명하다. 뉴턴의 유율법은 사용하기 편하고, 복잡하지 않게 나타낼 수 있다.

그의 스승이던 아이작 배로$^{\text{Isaac Barrow, 1630~1677}}$의 연구를 이어 받아 탄생시킨 유율법은 물체의 시간에 따른 거리 변화를 $\dfrac{\text{순간적으로 움직인 거리}}{\text{순간적으로 짧은 거리}} = \text{순간속도}$로 정의했다. 그리고 이것이 순간변화율이다.

유율법은 운동에 나타나는 연속적인 양을 분석하기 위한 목적으로 만든 것으로 속도의 크기와 대수적 관계를 설명하는데 용이하다. 변하는 양을 변량^{fluent}이며 변량의 변화 비율이 유율^{fluxion}이다.

변량 유율은 $\dot{y}$로 표기했다. 요즘은 $\dfrac{dy}{dx}$를 사용한다. 유율법의 특징은 변량의 모멘트를 설명할 때 시간이 0에 가까운 무한히 작은 구간에서 증가하는 무한히 작은 양을 $\dot{x}o$으로 표기한 것이다. o은 그리스어로 알파벳 O에 해당하며 '오미크론^{omicron}'으로 읽는다.

라이프니츠는 미적분의 기호에 대한 표기법을 정립했다. 지금 우리가 쓰고 있는 $\frac{dy}{dx}$ 나 $\int$ integral 등 미적분을 나타낼 때 쓰는 기호의 대부분이 라이프니츠가 개발한 것이다.

우리의 일상에 사용되고 있는 적분의 예로는 병원의 의료기기에서 찾을 수 있다. 컴퓨터 단층촬영(CT) 또는 자기공명영상(MRI)에서 2D 평면 영상을 종합해 3D 입체 영상으로 재구성할 때 적분을 기본으로 하는 소프트웨어를 사용한다.

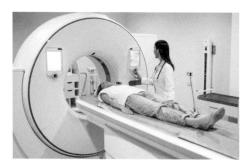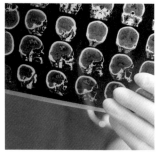

MRI 검사와 MRI 검사 결과지.

미적분의 지식을 업그레이드하여 한 차원 높인 것이 '미분방정식'이다. 미분방정식은 시간적으로 연속적으로 변화하는 세계에 관한 많은 문제들을 위한 학문으로 볼 수 있다. 뉴턴은 1671년 발표한 〈유율법method of fluxions〉에서 미분방정식을 소개했다. 그러나 정확한 미분방정식의 풀이방법을 제시하지는 않는다. 무한급수를 이용한 증명과 계산이 주를 이루어 복잡한 계산방법으로 난해한 저서로 알려진다.

미분방정식이란 용어는 라이프니츠가 처음으로 사용했으며, 적분법을 이용해 미분방정식을 풀이했다. 많은 수학자들을 배출한 베르누이가의 베르누이 형제는 뉴턴의 미분방정식 풀이 방법 대신 라이프니츠의 풀이 방법으로 미분방정식을 해결했다. 이들은 뉴턴의 타원형 행성 궤도 이론이 틀렸음을 증명하기도 했다. 하지만 우리는 현재 행성의 궤도가 타원 모양임을 잘 알고 있다.

미분방정식은 변수, 함수, 도함수를 포함하는 방정식으로 활용 범위는 매우 넓다. 움직이는 모든 것을 대상으로 하는 매우 유용한 학문 분야로 공기, 물, 빛뿐 아니라 움직이는 공간도 해당할 수 있다. 우리 생활에서 활용되는 예로는 움직이는 공이나 포물선 물체, 혜성, 운석의 움직임, 화산의 용암 분출

경로, 눈사태의 경로 및 상황, 강의 난류 판단과 대기의 패턴까지 설명할 수 있다.

미분방정식이 세상의 모든 법칙을 설명하는데 유용하다 보니 우리가 접하는 3D세계에 대해서도 수월하게 설명하는 계기가 된다. 또한 메타버스 속 모든 물체의 상에 대한 움직임과 예상 경로까지도 보여주는 데 미분방정식이 활용된다. 다만 풀이 방법이 너무 어려워 쉽게 접근할 수 없다는 단점을 가지고 있지만 수학 분야에서는 대단히 필요한 부분이며 갈수록 그 효용가치는 높아지고 있다.

1817년에 발견된 특수한 미분방정식의 해인 베셀 함수는 수리 물리학 분야의 중요 문제를 해결하는 데 필요하다. 미디어와 유체역학, 열역학 등에서 공학적 문제와도 관련이 있으며 더 나아가 원자력과 전파 공학, 양자역학 등 여러 분야에 유용하다.

베셀(Friedrich Wilhelm Bessel, 1784~1846)의 200번째 생일을 기념하는 우표. 그의 초상화와 베셀 함수를 나타내고 있다.

밀레니엄 난제 중 아직도 해결하지 못한 19세기의 나비에-스토크스 방정식Navier-Stokes equations도 대표적인 미분방정식 중 하나이다. 클레이 연구소에서 2000년 5월 24일에 100만 달러의 상금을 걸은 난제이기도 하다.

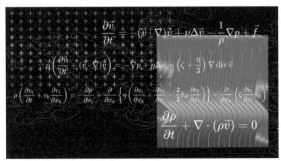

$$\frac{\partial \vec{v}}{\partial t} + (\vec{v} \cdot \nabla)\vec{v} + \nu\Delta\vec{v} - \frac{1}{\rho}\nabla p + \vec{f}$$

$$\frac{\partial \rho}{\partial t} + \nabla \cdot (\rho\vec{v}) = 0$$

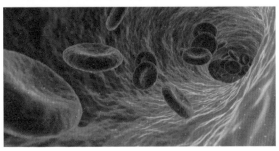

나비에-스토크스 방정식(위)은 의학에서도 사용한다. 혈관에서 혈액의 흐름을 분석하거나 치료 약물의 확산 속도 등을 예측함으로써 의료의 정확도를 높일 수 있다.

나비에-스토크스 방정식은 풀이를 요구하는 것이 아니고 3차원 해가 존재하는지 증명하는 것이 목표인데 해결하지 못한 것이다.

그러나 나비에-스토크스 방정식은 영화 등에 사용할 만큼 우리가 쉽게 접하는 미분방정식이며 미적분이 얼마나 우리

나비에-스토크스 방정식은 태풍의 이동을 예측하는데 사용하기도 한다.

에게 필요한지 보여주는 예이기도 하다. 그리고 메타버스의 공간이 현실감을 보이기 위해 필요한 수학 분야가 바로 미분방정식이다.

네트워크의 시작을 알리다!

연필이나 붓으로 선을 이으면서 떼지 않고 그리는 것을 '한붓그리기 문제'라고 한다. 그런데 한붓그리기에도 공식이 있다.

우선 한붓그리기의 유래부터 알아보자.

프러시아의 쾨니히스베르크(지금은 러시아의 칼리닌그라드) 강에는 7개의 다리가 있었다.

프레겔 강과 강줄기를 중심으로 놓인 이 다리들은 매우 경관이 좋아 산책하기에 최적의 장소라 많은 시민들이 이용하고 있었다. 그런데 시민들은 궁금증이 생겼다. 7개의 다리를 한 번씩만 지나

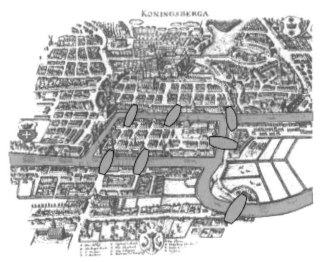

쾨니히스베르크의 프레겔 강에 놓인 7개의 다리를 단 한 번씩만 건너면서 모두 건널 수 있을까?

서 프레겔 강을 건널 수 있는지 알고 싶어진 것이다. 그런데 아무도 성공한 사람이 없었다. 왜 그럴까 궁금해진 시민들은 당대의 위대한 수학자 오일러에게 이 7개의 다리를 한 번씩만 건널 수 있는 방법이 있는지 물었다.

　이 문제를 해결하기 위해 연구를 시작한 오일러는 1736년 쾨니히스베르크의 7개의 다리를 한 번씩만 건너는 방법(경로)은 없다는 결론을 냈다. 그리고 수학적으로 도식화하여 증명했다.

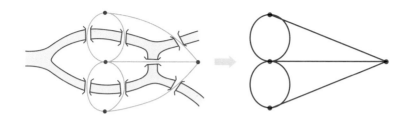

오일러가 쾨니히스베르크 다리에서 알아낸 한붓그리기에 관한 수학적 정리는 다음과 같다.

한붓그리기가 가능한 조건은 홀수점이 단 2개이거나 짝수점만 존재한다.

정말 그런지 쾨니히스베르크 다리를 도식화한 그림을 보면 알 수 있다. 쾨니히스베르크 다리를 확인하면 홀수점이 다음과 같이 4개이다.

오일러는 이를 수학 정리로 남겨 쾨니히스베르크의 다리는

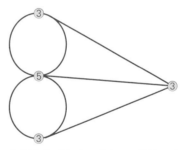

홀수점의 개수가 4개이므로 한붓그리기가 불가능하다!

한붓그리기가 불가능하다는 것을 증명했다.

그렇다면 한붓그리기가 가능한 예로는 어떤 것이 있을까? 흔히 볼 수 있는 벤다이어그램을 살펴보면 된다.

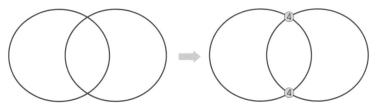

짝수점의 개수가 2개이므로 한붓그리기가 가능하다! 짝수점만 존재하면 된다는 조건에 만족하고 있다.

벤다이어그램에서 보다시피 짝수점의 개수가 2인 짝수개이므로 한붓그리기가 가능하다. 어느 점으로도 시작해서 한붓그리기를 해도 확인할 수 있다.

한붓그리기는 위상수학의 발전과 네트워크 이론의 시작을 알렸다.

오일러는 쾨니히스베르크 다리 문제에서 일반적 네트워크 이론을 발견했을 것이다. 한붓그리기 도식화에서 점은 노드^{node}를 의미하며 복잡한 네트워크 문제를 선과 노드로 단순하게 나타내어 문제해결에 기여한 것이다.

지도 제작자에게도 오일러는 크게 영향을 미쳤다. 주변의 복잡한 도로 사정과 항공 루트까지도 한붓그리기의 토대 위에서 풀어보면서 지도 제작을 좀 더 간편하게 할 수 있게 되었으며 이와 같은 네트워크의 세계가 바로 위상수학으로, 지금도 활발하게 연

도로교통, 항공, 항만 루트 등은 모두 한붓그리기를 활용하고 있다

구되고 있다.

18세기 7개의 다리를 한 번씩만 지나가면서 모두 지나가는 것이 과연 가능한지에 대한 궁금증으로 시작된 위상수학은 발전을 거듭하며 현대사회에서는 곳곳에서 이용되고 있다. 가장 대표적인 것이 교통 분야이다.

현대는 교통지옥으로 불릴 만큼 병목현상과 도로교통체증 때문에 시간과 비용을 길에 뿌리고 있다. 바쁜 시간에 도로가 막혀서 곤혹스러웠던 경험은 누구나 해봤을 것이다. 이와 같은 상황에서 벗어나기 위해 지자체와 정부는 다양한 시도를 하

게 된다. 사회간접자본으로 이룩한 도로의 정체성과 막힘 문제를 해결하기 위해 도로를 최적으로 확장한다던지 재설계 등을 하는 것도 그중 하나의 방법이다. 그리고 이와 같은 방법에 네트워크 이론을 활용하는데 그 시작이 한붓그리기 문제였으니 당시 사람들의 호기심이 오늘날의 문제 해결까지 이어지게 된 것이다.

네트워크 이론은 응용수학과 물리학 분야에서 매우 요긴하게 쓰이는 이론이다. 그런데 현대 사회에서는 더 많은 분야에서 활발하게 이용되고 있다.

당장 기존의 세계를 모두 바꿔버리고 비대면 시대를 연 코로나 시대에도 이 수학적 발견은 중요한 정책을 세울 때 이용된다. 코로나 바이러스의 확산경로를 예측하거나 확진자의 이동경로를 찾아 정부가 정밀한 역학 조사를 하거나 거리 두기 정책을 하는

코로나 19의 전파를 추적하는 역학조사에도 네트워크 이론이 이용된다.

등 국민의 안전을 위한 대책을 세울 때도 이 수학 분야는 매우 요긴하게 쓰인다.

인터넷 망도 한붓그리기와 비슷한 논리로 설치하고, 연결되어 있다. 최적화라는 빠른 길을 찾는 것이다. 만약 최적화에 장애물 요소가 있다면 그것에 대해 다른 설계를 하는 것도 한붓그리기 이다.

예를 들어 여러분이 항상 지나가는 경로가 있는데, 공사를 한 다든지 사고가 나서 우회했을 때 이와 같은 문제를 고려해 시간 이 다소 걸리더라도 목표점에 도달한다면 이 또한 한붓그리기 를 활용했다고 볼 수 있다. 여러분이 인터넷 쇼핑으로 신청한 택 배 물건도 배송사의 네트워크 이론이 적용되어 빠른 시간에 적정

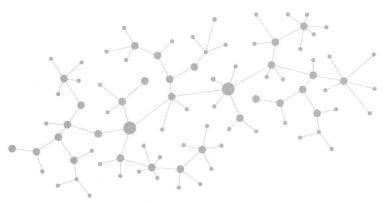

네트워크 이론은 우리의 현실에 이미 활용되며, 가상현실에도 이미 적용되어 있다. 우리가 모르는 사이, 우리가 의식하지 못하는 주변에 이미 펼쳐져 있는 것이다.

한 장소로 정확하게 운반하는 로드가 짜여진다. 미국에서는 20여 년 전부터 네트워크 이론을 연구해 최적의 경로를 찾기 위한 노력을 해왔다. 우리나라 역시 최적의 유통업 경로망을 찾기 위한 노력의 결과 이제 항공운송까지도 네트워크 이론을 적용하고 있다.

네트워크 이론이 가장 활발하게 이용되는 분야는 지하철이나 도로 건설이다. 네트워크 이론을 적용한 시뮬레이션을 통해 비용과 시간 등 다양한 분야에서 가장 최적의 결과를 낼 수 있는 방법을 찾아내는 것이다. 미국의 어느 유통 대기업체는 고객의 움직임을 인공위성 촬영과 네트워크 이론으로 조사해 마케팅에 적극 활용하기도 했다.

그리고 이제 이 이론은 가상 세계인 메타버스에도 적용되기 시작했다. 메타버스라는 3D 가상현실에서 여러분이 주인공이 되

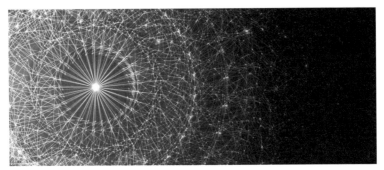

메타버스 안에 적용된 네트워크 이론 이미지의 예.

어 어느 장소로 빠르게 이동하는 경로에 대해 모색할 때 네트워크 이론이 이용되는 것이다.

우리는 언제나 어디든 가고자 하는 모든 공간에서 빠르게 이동하는 지름길을 생각한다. 메타버스 공간에서도 자동차나 다른 교통수단을 이용해 원하는 장소로 이동할 때 우리가 살고 있는 현실세계처럼 최적화 경로를 찾고자 한다. 현실에서는 네트워크 이론을 이용한 네비게이션이 최적의 경로를 알려주고 있으며 이는 우리의 또 다른 세상이 될 메타버스에서도 우리가 원하는 시간, 공간에 갈 수 있는 더 빠른 길을 안내하는 도구가 되어줄 것이다.

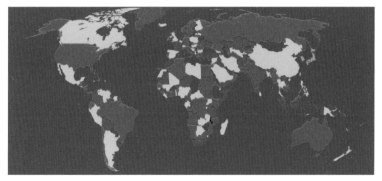

그래프 이론으로 4색정리를 해결할 수 있다. 그래프 이론은 네트워크 이론에서 비롯되었다.

열이동에 대한 연구에서
위대한 발견을 하다

수학은 단순한 과학의 한 분야가 아니다. 단순한 계산부터 자연법칙을 설명하고 증명하는 것을 넘어 현대사회를 풍요롭게 하는 도구이기도 하다. 우리가 쓰는 국어처럼 수학은 자연의 언어이기도 하다. 그중 19세기에 발견되어 지금 우리가 수많은 분야에서 이용하고 있는 수학 공식이 있다. 수학의 중요한 발견이며 물리학의 중요 공식이기도 할 뿐만 아니라 음파나 음성 분석부터 미디어에 이르기까지 수많은 분야에 쓰이는 수학공식이다. 바로 푸리에 급수이다.

1807년 푸리에 급수의 탄생으로 복잡한 진동을 사인^{sine}과 코

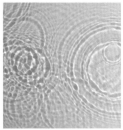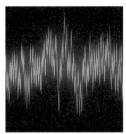

빛, 물, 음파 모두 파동이다.

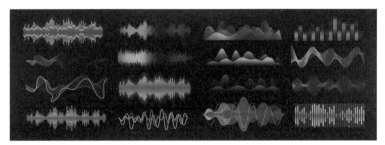

다양한 형태의 음파 파동 이미지.

사인^{cosine}의 함수들의 합으로 나타내는 것이 가능해지면서 세상은 다시 한 번 크게 발전할 수 있었다. 푸리에 급수는 모든 주기함수를 삼각함수의 합으로 나타내는 위대한 정리를 한 것이다.

즉 푸리에 급수는 신호처리에 특히 많이 적용되는 분야로, 다양한 물리량으로 측정되는 온도, 압력, 빛의 세기 등 신호를 삼각함수로 전개시킨 것이다.

주기함수를 $f(t)$로 하고 a_n, b_n을 푸리에 계수, T는 기본주기, w_0는 기본주파수일 때, 푸리에 급수는 다음과 같이 나타낸다.

$$f(t) = \sum_{n=0}^{\infty}(a_n \cos nw_0 t + b_n \sin nw_0 t) \text{ , 여기서 } w_0 = \frac{2\pi}{T}$$

다소 복잡한 수식이지만 중요한 것은 사인과 코사인의 합으로 구성한 푸리에 급수라는 사실이다.

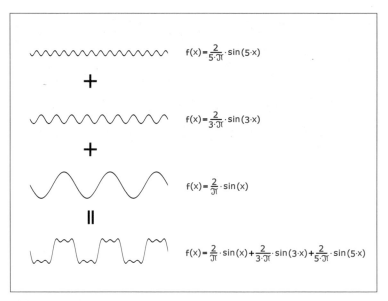

사각파의 푸리에 급수.

푸리에[Jean Baptiste Joseph Fourier, 1768~1830]는 프랑스 혁명기에 살았던 프랑스의 위대한 수학자이자 물리학자이다. 8세에 고아가 되어 베네딕투스파의 성직자 손에 길러진 후 잠시 군인을 꿈꾸기도 했던 그는 그 꿈이 좌절되자 교사가 되었다. 교사였던 푸리에는 프랑스 혁명에 가담하여 투옥되기도 했다. 심지어는 단두대에서 처형당할 뻔하기도 했다. 푸리에의 과학적 업적을 높이 산 나폴레옹은 1798년 이집트 원정에 푸리에를 데려가기도 했다. 당시 푸리에는 나폴레옹에게 과학 분야의 업무에 조언을 했다.

이집트에서 유물을 연구하던 푸리에는 1804년 프랑스로 귀국해서 열에 관한 이론을 연구했다. 1807년에는 〈고체의 열전도에 대하여On the Propagation of Heat in Solid Bodies〉를 발표하면서 열 이론에 관련한 푸리에 급수를 발표했으나 인정받지는 못했다. 하지만 그는 좌절하지 않고 1811년 〈무한 고체의 냉각과 지열 및 복사열〉에 대한 연구 논문을 추가하여 과학원에 제출해서 그 공로를 인정받아 수학 상을 수상했다. 그런데도 푸리에 급수는 1822년에서야 세상에 알려진다.

1816년 프랑스 학사원Institut de France 회원으로 추천되었고, 루이 17세 왕정복고의 격변기에도 살아남았던 푸리에는 이집트에서 얻은 질병으로 숨을 거둘 때까지 수학과 과학 분야에 수많은 위대한 업적을 남겼다.

푸리에 급수는 수학과 공학, 과학 분야에서 보편적으로 활용되는 공식으로 오늘날에도 활발하게 이용 중이다.

**로그의
발견**

컴퓨터의 출현을 알리다

　메타버스는 컴퓨터 시뮬레이션과 그래픽 디자인 그리고 수학의 지원 체계로 구성되고 만들어진다고 볼 수 있다. 컴퓨터라는 만능 기계로 지금의 가상현실을 만든다면 '컴퓨터는 언제 발명했는가?'를 한번쯤은 호기심으로 생각해 볼 수 있다.

　컴퓨터의 시작은 계산을 쉽게 하고 싶다는 인간의 욕망으로부터 파생했다. 수학 계산을 편리하게 하게 될 도구를 생각하다 나온 것이 컴퓨터인 것이다. 500여 년 전 이와 같은 바람에서 시작된 컴퓨터의 시작은 놀랍게도 이젠 양자컴퓨터까지 바라보고 있다.

그렇다면 컴퓨터의 출현을 가능하게 한 수학은 무엇일까? 처음에는 주판 같은 계산기의 형태였다. 그런데 생각해보면 인간의 최초의 계산기는 인류의 10손가락 셈법 계산이다. 아마 여러분도 손가락 셈법을 해본 적이 있을 것이다.

다음으로는 점토에 숫자를 세기며 세는 셈법으로 발전했다. 돌 위에 숫자를 새기거나 동물의 뼈에 숫자와 비슷한 기호를 세긴 것도 있다. 남아메리카의 잉카인은 키푸Khipus라는 매듭으로 연산을 했다.

키푸.

이처럼 꾸준히 셈법은 발전 해왔지만 16세기에 이르러서도 큰 수의 계산은 여전히 어려웠다. 그리고 구세주처럼 등장한 것이 로그이다.

스코트랜드 수학자인 네이피어John Napier, 1550~1617는 1614년에 발표한 〈놀라운 로그 법칙 설명〉에서 로그를 설명하고 있다. Logarithm 중 앞 세 개에서 유래한 로그(log)는 매우 복잡한 계산을 편리하게 할 수 있도록 하면서 천문학적인 숫자 계산이 필요한 천문학에서 특히 빛을 발했다. 그 시대의 천문학자와 항해사는 복잡한 계산을 많이 했야만 했는데 시간이 너무 많이 걸리고 복잡하게 느껴져 그들에게는 큰 부담이었다. 그런데 로그의

발견으로 복잡한 계산을 단축
시켜면서 과학 발전에 큰 기여
를 하게 된 것이다.

로그 눈금자.

$4^x = 64$를 구한다면 4를 몇
번 곱하면 64가 되는지를 알
면 된다. 4를 세 번 곱한 식은
$4 \times 4 \times 4 = 64$이므로 x는 3이다. 즉 $4^3 = 64$인 것이다. 그런데
이걸 좀 더 단순하고 쉽게 구할 수 있는 방법은 없을까? $4^x = 64$
에서 '$x =$무엇'으로 나타낼 수 있는 방법 같은 것 말이다.

이것이 바로 로그를 나타내는 방법으로 다음과 같다.

$$x = \log_4 64$$

4^x에서 지수 x에 관한 식이 로그의 형태로 나타낸 것인데, 로
그에서 4를 밑으로 64를 진수로 부른다.

네이피어가 처음 로그를 발견했을 때 밑은 자연상수 e였다.
e는 무한상수로 2.71828…로 계속 끝없이 나아간다. 지금은 자
연로그로 부르며 $\ln x$로 표기한다. 밑을 표기하지 않는 대신 $\log$
를 $\ln$으로 표기한 것이다.

그 뒤를 이어 헨리 브리그스는 밑이 10인 로그인 상용로그를
연구한다. 표기는 $\log_{10} x$이며 대개 $\log x$로 많이 사용한다. 헨리

브리그스의 상용로그는
자연로그보다 활용도가
더 높았다.

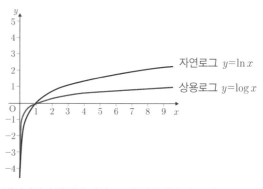

    자연로그의 함수 그
래프와 상용로그의 함
수의 그래프는 공통점
이 있다.

    점 (1, 0)을 두 그래

네이피어가 발견한 자연로그에 관한 함수와 브리
그스가 창안한 상용로그에 관한 함수를 나타낸
그래프.

프가 지난다는 것이다.

또한 완만한 증가를 나타내는 그래프라는 공통점도 있다.

    과학 실험이나 인구 통계에서 완만한 증가라는 데이터 결과가
많이 도출될 때가 있다. 특히 로그에 관한 그래프 형태를 띠었을
때 완만한 증가를 나타낸다. 이 때문에 자연과학이나 사회과학에
서 많이 사용한다.

    처음 로그가 세상에 소개되었을 때 네이피어를 비롯한 수학자
들은 로그가 주로 천문학 분야에서 많은 발전을 이룰 것으로 내
다봤다. 그런데 막상 로그의 활용범위는 그 예상을 가볍게 뛰어
넘었다. 수소이온화지수(pH) 같은 화학이나 생물학, 리히터 지진
규모, 이자율 계산 같은 상업, 음향의 크기인 데시벨(dB) 같은 전
파공학 을 비롯해 미디어 분야에도 널리 사용하는 수학 분야가

된 것이다.

네이피어가 20년 동안 작성한 자연로그표는 그후로도 컴퓨터가 개발되기 전까지 널리 사용했다. 그의 자연로그표가 없었더라

x	$\ln x$	x	$\ln x$	x	$\ln x$	x	$\ln x$	x	$\ln x$
0.01	−4.605170	0.21	−1.560648	0.41	−0.891598	0.61	−0.494296	0.81	−0.210721
0.02	−3.912023	0.22	−1.514128	0.42	−0.867501	0.62	−0.478036	0.82	−0.198451
0.03	−3.506558	0.23	−1.469676	0.43	−0.843970	0.63	−0.462035	0.83	−0.186330
0.04	−3.218876	0.24	−1.427116	0.44	−0.820981	0.64	−0.446287	0.84	−0.174353
0.05	−2.995732	0.25	−1.386294	0.45	−0.798508	0.65	−0.430783	0.85	−0.162519
0.06	−2.813411	0.26	−1.347074	0.46	−0.776529	0.66	−0.415515	0.86	−0.150823
0.07	−2.659260	0.27	−1.309333	0.47	−0.755023	0.67	−0.400478	0.87	−0.139262
0.08	−2.525729	0.28	−1.272966	0.48	−0.733969	0.68	−0.385662	0.88	−0.127833
0.09	−2.407946	0.29	−1.237874	0.49	−0.713350	0.69	−0.371064	0.89	−0.116534
0.1	−2.302585	0.3	−1.203973	0.5	−0.693147	0.7	−0.356675	0.9	−0.105361
0.11	−2.207275	0.31	−1.171183	0.51	−0.673345	0.71	−0.342490	0.91	−0.094311
0.12	−2.120264	0.32	−1.139434	0.52	−0.653926	0.72	−0.328504	0.92	−0.083382
0.13	−2.040221	0.33	−1.108663	0.53	−0.634878	0.73	−0.314711	0.93	−0.072571
0.14	−1.966113	0.34	−1.078810	0.54	−0.616186	0.74	−0.301105	0.94	−0.061875
0.15	−1.897120	0.35	−1.049822	0.55	−0.597837	0.75	−0.287682	0.95	−0.051293
0.16	−1.832581	0.36	−1.021651	0.56	−0.579818	0.76	−0.274437	0.96	−0.040822
0.17	−1.771957	0.37	−0.994252	0.57	−0.562119	0.77	−0.261365	0.97	−0.030459
0.18	−1.714798	0.38	−0.967584	0.58	−0.544727	0.78	−0.248461	0.98	−0.020203
0.19	−1.660731	0.39	−0.941609	0.59	−0.527633	0.79	−0.235722	0.99	−0.010050
0.2	−1.609438	0.4	−0.916291	0.6	−0.510826	0.8	−0.223144	1	0.000000

x	$\ln x$	x	$\ln x$	x	$\ln x$	x	$\ln x$	x	$\ln x$
1	0.000000	21	3.044522	41	3.713572	61	4.110874	81	4.394449
2	0.693147	22	3.091042	42	3.737670	62	4.127134	82	4.406719
3	1.098612	23	3.135494	43	3.761200	63	4.143135	83	4.418841
4	1.386294	24	3.178054	44	3.784190	64	4.158883	84	4.430817
5	1.609438	25	3.218876	45	3.806662	65	4.174387	85	4.442651
6	1.791759	26	3.258097	46	3.828641	66	4.189655	86	4.454347
7	1.945910	27	3.295837	47	3.850148	67	4.204693	87	4.465908
8	2.079442	28	3.332205	48	3.871201	68	4.219508	88	4.477337
9	2.197225	29	3.367296	49	3.891820	69	4.234107	89	4.488636
10	2.302585	30	3.401197	50	3.912023	70	4.248495	90	4.499810
11	2.397895	31	3.433987	51	3.931826	71	4.262680	91	4.510860
12	2.484907	32	3.465736	52	3.951244	72	4.276666	92	4.521789
13	2.564949	33	3.496508	53	3.970292	73	4.290459	93	4.532599
14	2.639057	34	3.526361	54	3.988984	74	4.304065	94	4.543295
15	2.708050	35	3.555348	55	4.007333	75	4.317488	95	4.553877
16	2.772589	36	3.583519	56	4.025352	76	4.330733	96	4.564348
17	2.833213	37	3.610918	57	4.043051	77	4.343805	97	4.574711
18	2.890372	38	3.637586	58	4.060443	78	4.356709	98	4.584967
19	2.944439	39	3.663562	59	4.077537	79	4.369448	99	4.595120
20	2.995732	40	3.688879	60	4.094345	80	4.382027	100	4.605170

진수 x를 0.01부터 100까지 계산한 자연 로그표의 예. 소숫점 6째 자릿수까지 나타냈다.

면 당시 천문학자와 수학자들은 계산에 많은 시간을 할애하느라 지금과 같은 발전을 이루기에는 더 많은 시간을 필요로 했을지도 모른다.

이에 대해 라플라스는 로그의 발견을 다음과 같이 평했다.

> "몇 개월의 노동이 단 며칠로 줄었고 천문학자의 수명이 두 배로 늘었다."

티코 브라헤Tycho Brahe, 1546~1601와 그의 제자 요하네스 케플러 Johannes Kepler, 1571~1630도 로그의 발견에 대해 극찬했다.

로그에 관한 것 중에는 아주 흥미로운 것들을 직접 관찰 가능하다. 그중 대표적인 것이 로그나선이다. 로그나선은 자연세계에서 흔히 볼 수 있는데, 앵무조개 껍데기가 대표적으로 알려져 있다. 나선은 나사처럼 회전하면서 감아가는 곡선 모양을 말한다. 소용돌이 곡선을 떠올려도 된다. 볼트나 나사, 스프

로그나선을 이야기할 때 가장 많이 언급되는 것이 앵무조개이다.

링, DNA 등 흔하게 볼 수 있는 간단한 나선에도 로그의 원리가 숨겨져 있다는 것은 신기하다. 수건이나 카펫을 말아놓은 모습도 나선의 예가 된다.

감는 간격이 일정한 것을 아
르키메데스의 나선으로 부르
며, 감은 간격이 일정한 비율로
증가하면 데카르트의 나선, 즉
로그나선으로 부른다.

돌돌 말린 옷에서도 로그나선을 발견
할 수 있다.

아르키메데스의 나선(좌)와 데카르트의 나선인 로그나선(우)의 예.
(좌)는 회전할수록 감은 간격이 일정하고, (우)는 간격이 점점 증가한다.

우리는 여기에서 또 다른 의문을 가질 수 있다. 달팽이나 소라,
앵무조개 같은 연체동물은 아르키메데스의 나선 모양을 따르지
않고 왜 로그나선을 따르는 것일까?

이에 대한 답은 생물학에서 찾을 수 있는데, 일반적으로 곤충
은 외골격 안의 몸통이 커지려 해도 외부의 단단한 껍데기 때문
에 성장이 어렵다. 그래서 껍데기를 벗기고 난 후 한층 더 큰 껍
데기를 새로 만들어 탈피를 반복하면서 성장하는 데 이는 번거로

운 작업이다.

그러나 연체동물 중 소라나 앵무조개는 곤충과 달리 몸통이 외골격으로 완전 덮혀 있지 않고 껍데기 아래쪽이 열려 있다. 열린 입구 가장자리부터 석회를 덧붙여 껍데기가 커진다. 그러면 계속 누적되어 감은 간격은 일정하지 않고 계속 증가하는데 이것이 로그함수를 따르는 것이다. 놀랍게도 로그나선이 달팽이를 닮았는데 인체의 달팽이관에서도 로그나선을 관찰할 수 있다.

그리고 특이하게도 토네이도 현상에서 관찰할 수 있는 로그나선에서는 회전각도 ϕ가 일정하다.

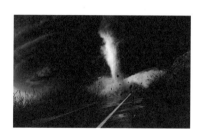

토네이도는 회전각도가 일정하다.

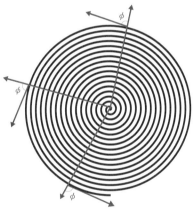

이처럼 로그나선은 자연에서 흔하게 관찰하거나 경험할 수 있는 수학 원리이다.

네이피어는 발명가로도 유명하다. 농장의 곡식을 먹어치우는 동물을 내쫓기 위해 대포를 발명했으며 농지의 생산성을 높이기 위해 비료도 개발하고 양수기도 발명했다. 그는 신비주의와 흑마술에도 매력을 느껴 많은 연구를 했지만 정작 네이피어가 세상에 실용적으로 알리게 된 것은 수학과 발명품이다.

또한 네이피어의 유명한 발명품 중에는 '네이피어의 막대'라는 수학 계산 도구도 있다. 동물 뼈나 나무 조각에 곱셈표를 새겨 놓은 것으로, 가감승제 및 제곱근의 계산도 할 수 있는 계산기였다.

동물 뼈나 나무 조각으로 만든 '네이피어의 막대'는 가감승제 및 제곱근을 계산하기 편리한 도구였다.

네이피어의 막대는 계산의 편리함으로 상인들이 많이 이용했다.

1623년에는 독일의 수학자이자 천문학자인 시카드^{Wilhelm Schickard, 1592~1635}가 네이피어의 막대를 계량하여 기계식 계산기를 발명했다.

흑사병으로 가족 모두가 사망하는 등 불행한 삶을 살았던 시카드는 계산기를 만드는 방법을 그림으로 남겨 그 공로를 인정받으면서 '컴퓨터 시대의 아버지'라는 칭호도 듣게 된다.

1662년에는 목회자이자 수학자인 오트레드^{William Oughtred,}

^{1574~1660}가 로그 스케일의 숫자를 계산하는 도구인 계산자를 발명한다. 삼각함수의 계산도 할 수 있었던 계산자는 무려 50년 전까지만 해도 활발하게 이용되었을 정도로 전 세계에서 과학자들의 표준 계산 도구로 수백 년 동안 사용해왔다.

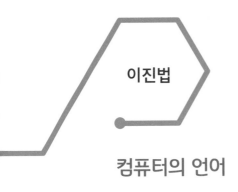

이진법

컴퓨터의 언어

우리는 수에서 벗어나서는 살 수 없다. 마트에 가고 은행에 가고 무엇을 하든 숫자는 들어간다. 시간도 날짜도 세월도 모두 수로 표기된다. 그중 우리가 주로 사용하는 것은 10진법이고 현대인의 필수품인 컴퓨터를 기반으로 하는 모든 것들은 이진법을 사용한다. 그리고 이진법은 십진법보다 더 오래전부터 사용하던 기수법(수를 표현하는 방법)이다. 고대 이집트의 이진법 사용을 비롯해서 중국도 양과 음의 2가지 요소로 세상의 만물을 표현했다. 유교의 경전 중 3경의 하나인 《역경》을 보면 양과 음으로 나타낸 것을 확인할 수 있다.

중국의 《역경》이 중국 선교사에 의해 수학자 라이프니츠에게 전해지면서 아이디어를 얻은 것이 현재의 이진법이다. 라이프니츠는 구체적으로 숫자 0을 무無로, 1을 신神으로 생각했다.

중국의 팔괘 모양을 나타낸 그림.

이진법의 계산은 간단하다. 예를 들어 십진수 28을 이진법으로 나타내는 방법은 다음과 같다.

28을 2로 나누었을 때 몫은 바로 아래 쓰고 나머지는 노란 곡선 안처럼 몫의 오른쪽에 적는다. 계속 2로 나누면서 몫이 1이 될 때까지 연산을 하면 된다. 아래로부터 화살표 방향으로 읽으면 이진법이 완성된다.

$$
\begin{array}{r|r}
2 & 28 \\
2 & 14 \quad \cdots 0 \\
2 & 7 \quad \cdots 0 \\
2 & 3 \quad \cdots 1 \\
 & 1 \quad \cdots 1
\end{array}
$$

아래부터 읽는다

따라서 28은 $11100_{(2)}$로 나타낸다. 그리고 '이진수 일일일영영'으로 읽는다.

컴퓨터는 저장의 용이함 때문에 이진법을 사용한다. 컴퓨터의 CPU와 저장 장치 또한 끄기와 켜기 기능$^{on-off}$이 0과 1로 나타내면 0은 끄기, 1은 켜기로 되어 있다. 컴퓨터가 인식하는 진법은 이진법인 것이다. 컴퓨터에 십진법으로 입력하면 스스로 이진법으로 전환하여 푼 후 다시 십진법의 형태로 우리에게 답을 제시한다. 컴퓨터 해결의 수행은 이진법으로 하는 것이다.

컴퓨터의 언어는 이진법이다.

이러한 발견은 섀넌^{Claude Shannon, 1916~2001}이 정보의 단순한 기본 단위에 이진법을 적용한 것에서 시작했다. 즉 이진법은 단순 명확함이 기계화하기 좋은 것을 장점으로 꼽고 있다.

ISBN 978-89-5979-667-0

제품 관리에 쓰이는 바코드에도 이진법은 이용된다. 검은 긴 막대는 1, 흰 긴 막대는 0이다.

기계식 컴퓨터의 발명과
프로그래밍 언어의 성립

이제 우리는 산업혁명의 시대까지 왔다. 고대
부터 수많은 위대한 수학적 발견들을 보면서 그 수학들이 현대
수학 그리고 과학의 시대를 이루는 기초가 되었음을 발견할 수
있었다.

그렇다면 산업혁명의 시대 속 수학은 어떤 모습이었을까?

영국에서 시작된 산업혁명과 제국주의의 유럽 열강 분위기에 수학은 실용적인 가치를 요구했다. 기계의 작동과 항해에는 수치 계산의 정확성이 매우 중요한 것이다. 수학자들의 손으로 한 직접적 계산은 오차(오류라고도 할 수 있음)가 발생하는 것을 각오하지 않을 수 없다.

찰스 배비지^{Charles Babbage, 1792~1871}는 영국의 경제학자이자 통계학자 및 발명가이다. 그는 복잡한 수학 연산을 해결할 수 있는 기계를 고안하고 그 기계를 실용화시키기 위해 1823년 영국 정부의 지원을 받았다. 이 기계가 바로 컴퓨터의 조상으로 '차분기관^{differential engine}'으로 부른다.

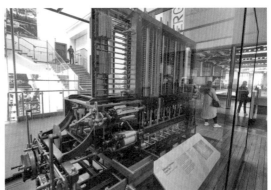

찰스 배비지와 차분기관.

차분기관은 다항함수의 계산을 비롯해 삼각함수와 로그함수도 계산할 수 있었으며 부품도 2만 500개 정도였지만 기술적 한계와 자금의 부족으로 일부분만 완성할 수 있었다.

1853년 스웨덴의 발명가 게오르크 슈츠Georg Scheutz, 1785~1873와 그의 아들이 배비지의 영향을 받아 인쇄가 가능한 차분기관을 완성했다.

그들은 천공카드를 이용해 프로그램을 입력 후 숫자를 저장하는 것과 계산을 하는 구역을 따로 배정하는 '해석기관Analytic Engine'을 구상하기도 했다.

비록 찰스 배비지는 차분기관을 완성하지는 못했지만 그런 그와 차분기관과 해석 기관에 감명을 받은 이가 있었다. 에이다 러브레이스Augusta Ada King, Countess of Lovelace, 1815~1852로, 최초의 컴퓨터 프로그래머로 알려진 인물이며 시인 바이런의 딸이기도 하다.

에이다 러브레이스의 초상화.

에이다 러브레이스는 생후 1개월일 때 부모가 이혼한 후 부친인 시인 바이런이 방랑벽으로 타지를 떠돌다가 러브레이스가 8살 때에 객사해 부친의 얼굴을 본 적이 없다. 모친은 러브레이스가 부친의 삶을 닮을까 봐 시나 문학과는 거리를 두게 했으며 가정교사를 두어 수학과 과학 수업을

배우게 했다.

그러나 부친의 기질을 물려받은 탓인지 예민한 성격에 변덕도 자주 부렸다고 한다. 모친은 러브레이스가 안정적인 삶을 살기를 바라며 그녀가 열정을 가질 수 있도록 수학적으로 영감을 줄 만한 사람과 미팅을 갖도록 적극적으로 노력했다고 전해진다. 그 시기에 메리 서머빌Mary Somerville, 1780~1872의 주선으로 러브레이스는 찰스 배비지를 만나고 사제 관계이자 영원한 연구 파트너로 일하게 된다.

러브레이스는 윌리엄 킹 남작과 결혼한 뒤, 남편이 백작의 자리를 물려받자 백작부인이 되었다.

유럽에서 발표한 찰스 배비지의 연구를 이탈리아 수학자이자 공학자인 루이지 메나브레Luigi Menabrea, 1809~1896가 1842년 프랑스어로 옮기자 러브레이스는 다시 영어로 번역했다. 내용은 해석기관에 대한 것이었다.

러브레이스의 번역은 단순하게 내용만 소개한 것이 아니라 주석까지 갖춘 훌륭한 번역서였다.

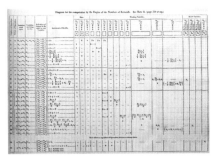

번역서 〈베르누이 수 계산을 위한 해석 엔진 알고리즘 다이어그램〉. 찰스 배비지의 해석 엔진 스케치 및 에이다 러브레이스의 주석이 달려 있다.

배비지는 자신의 연구 분야이면서 고안 중이던 '해석기관'에 대해 러브레이스가 매우 잘 알고 심지어 자신보다 더 해박하다고 생각했다. 러브레이스는 배비지가 지적한 '베르누이의 수'의 틀린 부분 외에도 대수학적 계산의 오류도 수정했다.

그로부터 1년 후에는 러브레이스가 자신의 해석기관에 대한 책 《배비지의 해석기관에 대한 분석Observations on Mr. Babbage's Analytical Engine》을 재출간했는데 그 안에는 지금 사용하는 컴퓨터 프로그래밍 언어에서 제어문에서 사용하는 루프, 점프, IF문, WHILE문, FOR문 등의 용어 등이 포함되어 있다.

러브레이스는 해석기관의 명령 언어를 이용하면 기계가 그림을 그릴 수 있으며, 음악을 작곡할 수 있다고 예상했는데 이는 후에 현실화된다.

현대의 컴퓨터
프로그래밍 코딩.

이처럼 컴퓨터의 기본 용어를 정립하는 등 연구자로 활발한 활동을 하던 러브레이스지만 가족이 처한 불행과 그녀의 경마로 인한 도박 빚 등으로 삶은 수렁 속으로 빠져들고 있었다. 그녀는 도박 빚을 갚기 위해 패물까지 내다 팔아야만 했다.

천재적인 재능에도 불구하고 러브레이스는 자궁암으로 치료를 받던 중 과다출혈로 38세의 젊은 나이에 생을 마감했다.

1980년 과학자들은 컴퓨터 프로그래머로서의 에이다 러브레이스의 업적을 기려 프로그래밍 언어에 에이다 러브레이스의 성명을 붙여 경의를 표했다. 그리고 앨런 튜링에 의해 에이다의 업적은 이어지며 본격적인 컴퓨터의 시대를 시작하게 되었다.

기하학

에셔의 작품을 통해 본 기하학;
수학과 예술의 접점 사이

수학은 그저 어려운 공식을 외우고 풀고 물리적 문제를 해결하는 데만 유용한 학문은 아니다. 현대사회는 융합학문이 고도로 발전하고 있으며 수학도 예외는 아니다. 앞에서 우리가 보아온 수학 역시 과학, 공학 등과 결합해 발전하면서 현재의 모습을 이루고 있다. 그리고 수학은 미술, 음악, 문학과도 융합하기 시작했다. 드니 게즈의 《앵무새의 정리》는 대표적인 수학 소설이다. 그리고 수학과 미술의 결합은 더 활발하다. 현재 세계적인 인기를 끌며 네플릭스의 기록을 갈아치우고 있는 〈오징어 게임〉 속 무대에 영향을 준 미술가 에셔^{Maurits Cornelis Escher,}
^{1898~1972}도 기하학의 영향을 받은 대표적인 작가이다. 에셔의 작

품은 초등학생 교재로도 활용되고 있으며
벽지를 비롯해 일상생활에서 많이 이용되
고 있어 그만큼 우리에게도 친숙한 네덜란
드 화가이자 판화가이며 그래픽 디자이너
이다. 그는 무려 448점의 판화와 2천여 점
의 드로잉을 남겼다.

에셔.

에셔 스타일의 건물.

에셔의 공식 홈페이지에서
작품을 감상할 수 있다.

앞에서도 이야기했지만 에셔의 작품에는 기하학이 접목되어
있고 다양한 해석 중에는 철학적인 분석도 이루어지고 있다. 그

래서 미술계뿐만 아니라 수학자와 과학자들도 에셔의 작품에 관심이 많다. 에셔는 작품에 가상현실을 녹여낸 것도 많아 가상현실을 비롯해 메타버스를 이야기할 때 언급되는 경우가 많다. "공간에 관한 초현실 작품은 에셔로 통한다"라는 평이 있을 정도이다.

우선 에셔의 작품 중에 '테셀레이션^{tessellation}'이 있다. 쪽매맞춤이라고도 하며, 타일링이라도 부른다. 테셀레이션은 평면 또는 공간을 동일한 도형으로 빈틈없이 채우는 것이다. 도로를 걷다보면 종종 테셀레이션을 보게 된다.

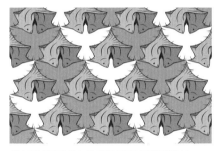

에셔의 작품에서 영향을 받은 테셀레이션.

정다각형을 테셀레이션으로 한 것은 정삼각형, 정사각형, 정육각형이 대표적이다.

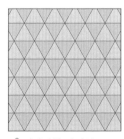

3^6 정삼각형 타일링.

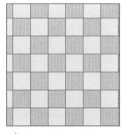

4^4 정사각형 타일링.

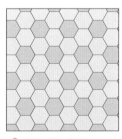

6^3 정육각형 타일링.

그리고 벽지나 옷감 등에서도 테셀레이션을 볼 수 있다. 무어인들의 단순한 기하학적 무늬를 바탕으로 한 모자이크에서 영감을 받은 에셔는 여기에 수학적 변환을 적용해 새로운 작품 세계를 구축했다.

보도나 바닥에서 테셀레이션을 쉽게 볼 수 있다.

펜로즈 타일은 2종류의 마름모로 구성한 주기가 불규칙한 테셀레이션이다. 일반적으로 볼 수 있는 타일과 달라서 불규칙적이며, 준결정체이다.

소금이나 금속은 원자의 배열이 일정한 규칙을 따른다. 그리고 전자현미경으로 확대해서 자세히 보면 원자군이 대칭적으로 이루어져 있음을 발견하게 된다. 즉 결정체 물질이다.

소금 결정.

금속인 금의 결정.

결정질과 비결정질의 중간인 준결정질이 펜로즈 타일인데 제3
의 고체로 불리기도 한다.

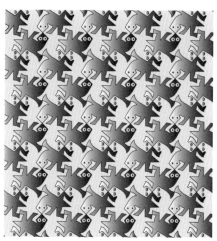

에셔의 작품 중에는 도마뱀을 적용하는 등 독
특한 테셀레이션도 있다.

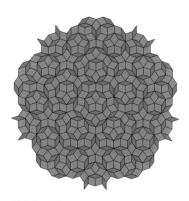

펜로즈 타일.

펜로즈 타일은 마름모 형태의 서로 다른 2가지 도형으로 평면을 채울 수 있는 것을 보여준다. 테셀레이션은 패턴의 반복이 구성조건이다. 그러나 경이로운 펜로즈 타일은 패턴의 반복을 이루지 않으면서도 공학계에서 각광을 받고 응용해 이미 사용한다. 화학과 금속재료 공학계에도 결정의 구조를 준결정 구조로 바꾸면 결정체의 단단함과 비결정체의 전기를 잘 통하지 않는 성질을 혼합해 신소재로 개발할 수 있다는 연구 발표가 있었다. 펜로즈 타일은 현재 면도날, 프라이팬의 코팅재, 전자제품의 외장재, 자동차 부품에 이용한다.

테셀레이션은 반복의 미학이다. 동일하거나 2개 이상의 도형으로 그림을 구성하는 것으로 회전과 대칭에 대해서도 잘 보여주고 있다.

에셔의 작품에서는 무한의 상징 중 하나인 뫼비우스의 띠도 볼 수 있다. 수학 분야에서 자주 보게 되는 뫼비우스의 띠는 예술 분

에셔 스타일의 무한대 개미

에셔의 공식 홈페이지에서 작품을 감상할 수 있다.

야에서도 많이 이용한다. 미술 시간에 뫼비우스 띠를 한 번쯤 만들어 보았을 것이다.

뫼비우스가 1858년에 숙소에서 파리를 잡기 위해 양면에 접착제가 발라져 있는 테이프를 사서 다음날 아침에 일어나니 파리들이 많이 붙어 있었는데 테이프가 꼬여 있는 모습에 영감을 얻었다고 한다. 테이프 꼬인 모양이 1개의 모서리와 겉과 속의 구별이 안 되는 1개의 면을 가진 뫼비우스의 띠 모양이 매우 인상적일 뿐만 아니라 무한대를 의미하는 ∞와 비슷해 아이디어를 떠올렸다고 한다.

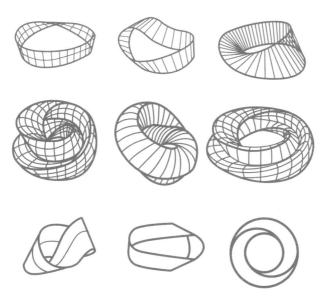

뫼비우스의 띠의 여러 버전.

뫼비우스 띠는 가로가 세로보다 더 긴 직사각형 모양인 종이의 한쪽 끝을 반 바퀴 꼬아서 반대편과 마주 붙여 완성한다. 띠를 따라서 한 바퀴 돌아오면 위아래가 뒤바뀐다.

뫼비우스 띠의 중간 부분에 점을 찍은 후 연필로 그으며 한 바퀴를 돌면 그 점의 뒷부분에 도착하게 된다. 그리고 계속해서 한 바퀴를 더 돌면 다시 원래의 점 위치로 오게 된다.

에셔의 작품에 이와 같이 수학적 내용들이 밀접한 관계를 맺으면서 수학에 흥미가 없는 사람들이라도 그 신기함에 관심을 보인다고 한다.

그런데 이제 메타버스에서도 이런 부분을 확인하게 되는 것이다. 뫼비우스의 띠는 무한한 상상력과 공간과 자원을 경험할 수 있는 메타버스와 일맥상통하는 면이 있다. 둘 다 무한대로 방향을 같이하고 있기 때문이다. 그래서 신비로운 세계를 탐험할 때 뫼비우스의 띠의 원리를 만나게 된다는 것이다.

에셔의 무한대에 관한 작품은 뫼비우스의 띠 외에도 여러 점이 있다.

에셔 스타일의 무한계단.

에셔의 작품에는 비유클리드 기하학이 있다. 〈천국과 지옥〉이라는 에셔의 작품은 둥근 구 위의 크기는 다르지만 동일한 모양의 테셀레이션을 채우면 구를 채울 수 있는 것을 보여준다.

이는 유클리드 기하학처럼 평면으로는 테셀레이션을 채울 수 없지만 원주로 가까이 갈수록 모양이 같은 조각을 점점 작은 조각으로 채우면 곡면을 채울 수 있다는 것을 보여주는 좋은 예이다.

에셔의 공식 홈페이지에서 작품을 감상할 수 있다.

에셔의 〈천구과 지옥〉 처럼 둥근 구 위에 크기는 다르지만 동일한 모양의 테셀레이션을 채우면 구 전체를 채울 수 있다.

수학자들과 과학자들, 예술가들은 2차원에서는 구현 가능하나 3차원에서는 있을 수 없는 불가능한 타입의 신기하고 재미있는 작품들도 연구했다. 그림은 순서대로 불가능한 큐브, 펜로즈 삼각형, 불가능한 삼지창, 불가능한 정삼각형, 펜로즈 계단, 불가능한 선반 등이다.

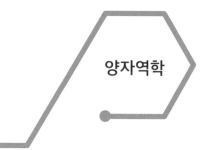

양자역학

새로운 시대를 열다

　　드디어 양자역학을 알아야 할 때가 왔다. 양자역학이란 말만 들어도 머리가 지끈거리는 사람도 있을 것이다. 그리고 현대사회를 바꾸고 있는 수학을 여행하고 있는데 왜 갑자기 양자역학으로 뛰는지 의아한 사람도 있을 것이다. 수학 지식에 양자역학은 어울리지 않는데 말이다.

　그런데 수학은 과학의 언어이며 과학은 우리의 삶 전체를 이끌고 있다. 그리고 앞으로의 세계는 양자의 세계이고 양자컴퓨터가 세상에 나오는 순간 우리가 살아가는 세상은 지금과 비교할 수 없는 환경을 가지게 될 것이다. 그러니 기본적으로 수천 년 인류의 역사 중 가장 많은 변화를 불러오는 양자역학에 대해 얕으나 아는 척은 가능한 정도까지는 알아두자.

양자역학은 아직도 풀리지 않은 과학 영역이며, 지금까지 수많은 물리학자가 도전해왔고 도전하고 있음에도 완전히 이해한 물리학자는 없다고 할 정도로 매우 어렵다.

뉴턴의 만유인력의 법칙(현재는 중력의 법칙으로 불린다)에 기준을 두고 있던 고전역학은 양자역학이 나타나면서 그 위치를 내주었다.

뉴턴의 중력의 법칙 (만유인력의 법칙)은 양자역학이 발견되기 전까지 과학자들에게 가장 많은 영향을 주었다.

양자역학은 작은 물질의 세계까지 연구대상으로 한다. 작은 물질의 세계는 우리가 보지 못하기 때문에 이해하기가 쉽지 않고

증명을 통한 과학적 입증
또한 매우 어려웠다. 우
리가 경험하는 거시 세계
는 큰 물질의 세계이므로
양자 입자로 이루어져 있
지만 우리의 예상대로 움

양자역학의 세계는 아직도 밝혀지지 않은 것
들이 많다.

직인다. 그러나 미시 세계의 양자 입자는 직관에 따르지 않기 때문에 확률로 분석하는 것이다.

20세기 초 닐스 보어[Niels Bohr, 1885~1962]는 원자를 중심으로 하고 전자가 고정된 궤도를 따라 원 모양으로 빙빙 도는 원자 모형을 설명했다. 수소 원자에만 들어맞는 모형이기도 했다. 그러나 모형을 설명할 수 있는 방정식 같은 수학은 없었다.

보어의 제자였던 하이젠베르크는 막스 보른[Max Born, 1882~1970]의 도움으로 행렬역학을 완성하게 된다. 보어의 원자 모형에 수학을 적용할 수 있게 된 것이다. 그러나 에르빈 슈뢰딩거[Erwin Schrödinger, 1887~1961]는 행렬역학에 의문을 품고 전자를 파동으로 생각해, 파동방정식을 제안했다.

막스 보른은 슈뢰딩거의 파동방정식에 절댓값을 제곱하면 전자의 위치를 나타내는 확률밀도함수라고 설명했다.

파동함수에서 진폭이 높은 위치에는 전자가 존재할 확률이 높으며, 진폭이 낮은 위치에는 전자가 존재할 확률이 낮다는 것이다. 그리고 슈뢰딩거의 파동방정식은 전자의 위치를 확률로 나타내는 공식이라고 말했다.

그러나 슈뢰딩거는 전자를 파동이라 역설하고, 파동방정식에서 특수한 경우에만 전자는 입자일 것으로 주장했다. 또한 파동방정식이 확률이라는 막스 보른의 제안에 구체적이지 못한 과학관이라는 의견을 내기도 했다.

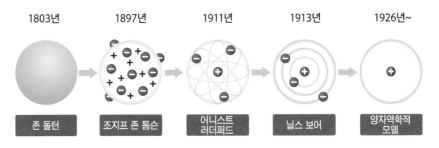

1803년	1897년	1911년	1913년	1926년~
존 돌턴	조지프 존 톰슨	어니스트 러더퍼드	닐스 보어	양자역학적 모델

원자 모델의 변천사.

아인슈타인[Albert Einstein, 1879~1955]도 슈뢰딩거와 같은 의견이었다. 그는 막스 보른의 양자역학에 대한 확률 도입을 탐탁지 않게 여겨 "신은 주사위 놀이를 하지 않는다."라고 말하기도 했다.

보어는 초기에 양자물리학의 개념을 수소 원자 모형으로 설명했지만 실제로는 더욱 복잡한 원자가 많았다. 이에 대해 해결한 이론으로는 파울리의 배타원리[Pauli exclusion principle]가 있다.

전자 또는 양성자와 같은 입자는 한 오비탈에 2개가 들어갈 수
없다. 그리고 두 개의 전자 또는 양성자는 반대의 스핀 값을 가진
다. 이렇게 양자역학이 첫 단계에 이를 때에는 뉴턴 역학으로 설
명할 수 없었던 작은 원자 세계의 질서를 밝혀낸다.

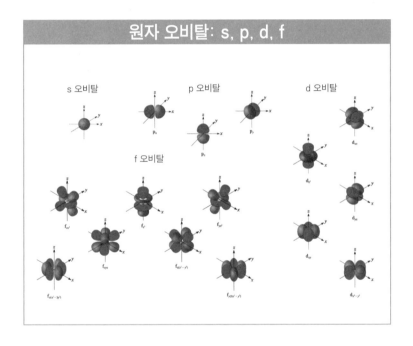

원자 오비탈: s, p, d, f

그 뒤 더 많은 연구를 통해 현재의 과학은 양자 중첩과 양자 얽
힘이라는 양자의 물리학적 속성을 컴퓨터나 센서, 통신 등 실제
기술에 적용하는 단계까지 이르렀다.

2020년 1월 라스베가스 전시관에 전시된 IBM의 양자컴퓨터.

양자컴퓨터가 상용화되면 보게 될 미래의 모습.

양자 중첩을 응용하면 양자컴퓨터의 연산 단위인 큐비트로 컴퓨터를 제조하여 데이터를 한꺼번에 빠르게 처리해 연산능력을 획기적으로 올릴 수 있게 된다. 그리고 양자 얽힘도 양자가 서로

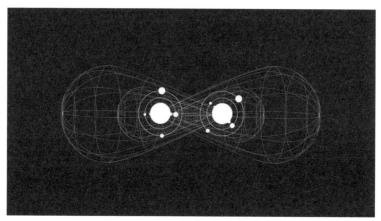

이미지화한 양자 얽힘 상태.

멀리 떨어져 있더라도 서로 맞닿은 것처럼 움직여 하나의 상태가
되어 통신에 적용하면 해킹을 차단할 수 있다.

 이제 한번 정리해보자. 알 콰리즈마의 대수학과 알고리즘을 시
작으로 수많은 위대한 수학적 발견 그러나 우리가 한 번 정도는
들어봤던 수학을 확인하며 왔더니 우리는 어느 새 현대 수학의
정수에 다가서고 있다.

벡터와 행렬

메타버스의 캐릭터는 벡터와 행렬로 움직임을 나타낸다

양자역학에서 우린 다시 수학으로 돌아왔다. 이번에는 조금은 가벼운 마음으로 벡터를 만나보자.

벡터는 방향과 길이를 나타내는 것이다. 이동한 거리의 크기만을 나타낸 것을 스칼라라고 한다. 크기와 방향을 같이 나타내면 벡터가 된다. 벡터는 벨기에의 수학자 스테빈[Simon Stevin, 1540~1620]이 고안한 것으로 뉴턴의 《프린키피아》에서도 벡터가 잘 설명되어 있다.

벡터의 장점은 그림으로 나타내기 편하다는 것이다.

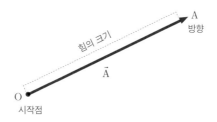

힘이 시작되는 기준점으로 시작점 O를 정하면 A방향으로 나아갔을 때 그림처럼 나타낼 수 있다. 벡터의 크기는 $|\vec{A}|$로 나타낸다. 또한 반대방향을 나타내는 벡터는 다음처럼 나타낸다.

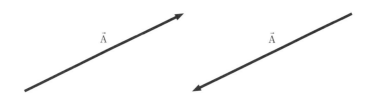

$\vec{A}$와 $-\vec{A}$를 나타낸 그림.

벡터는 연산도 계산이 편리하다. 교환법칙 $\vec{a}+\vec{b}=\vec{b}+\vec{a}$이 성립하며, 결합법칙 $(\vec{a}+\vec{b})+\vec{c}=\vec{a}+(\vec{b}+\vec{c})$도 성립한다.

벡터의 성분을 평면이나 공간에서 변환할 때 연산의 편리함을 위해 사용하는 수학적 도구가 행렬이다. 따라서 벡터와 행렬은 수학에서 수어지교水魚之交 관계로 볼 정도로 밀접하다.

행렬은 수 또는 식을 사각형 모양으로 배열한 것이다. 중국의 《구장산술》에서도 기록을 찾아볼 수 있을 정도로 오래된 수학 분야가 행렬인데 여러분은 마방진을 알고 있을 것이다.

마방진은 약 4,000여 년 전 하나라 우임금 시대에 황하 강의 범람에 대한 대책으로 물길을 정비했을 때 거북의 등껍질에 새겨진 그림의 발견에서 시작한다. 1부터 9까지의 숫자를 가로, 세로, 대각선으로 더해도 항상 합이 15가 되는 그림이었다. 이와 같은 마방진에서 행렬의 시작을 찾아볼 수 있다.

4	9	2
3	5	7
8	1	6

가로, 세로, 대각선으로 더하면 합은 항상 15가 된다.

행렬에 가장 많은 업적을 쌓은 수학자를 꼽으라고 한다면 수학자 야코비[Carl Gustav Jacobi, 1804~1851]와 코시[Augustin Louis Cauchy, 1789~1857]가 있다. 이들은 행렬식에 많은 업적을 남겼으며, 그 외에도 실베스터[James Joseph Sylvester, 1814~1897]는 행렬을 matrix로 정의했으며 케일리[Arthur Cayley, 1821~1895]는 행렬의 곱셈을 처음 도입해 행렬의 연산을 원

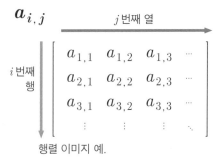

행렬 이미지 예.

활하게 했다.

행렬은 연립선형방정식을 풀 때와 양자역학, 게임 이론, 그래프 이론, 전기 회로망에도 많이 사용한다.

벡터와 행렬이 조합을 이루면 다음처럼 캐릭터의 이동을 나타낼 수 있다. 캐릭터가 회전할 때 벡터 공간에서 행렬의 회전을 이용하는 것이다.

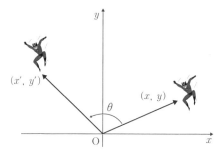

평면(2D)에서 캐릭터가 각도 θ만큼 회전이동한 것을 나타낸 것.

평면에서 좌표 (x, y)가 (x', y')으로 회전이동하는 행렬은 회전행렬 $\begin{pmatrix} \cos\theta & -\sin\theta \\ \sin\theta & \cos\theta \end{pmatrix}$를 이용하여 $\begin{pmatrix} \cos\theta & -\sin\theta \\ \sin\theta & \cos\theta \end{pmatrix}\begin{pmatrix} x \\ y \end{pmatrix} = \begin{pmatrix} x' \\ y' \end{pmatrix}$로 나타낼 수 있다.

행렬은 영어로 'matrix'이며 영화 〈매트릭스〉에서는 '가상현실'을 의미한다. 의미가 전혀 다른 뜻으로 보이지만 행렬로 가상의 수 '허수'와 벡터의 연산을 할 수 있으므로 행렬로 가상세계를 구현할 수 있다는 것을 짐작한다면 서로 관계가 있다는 것을 알 수 있다.

빨간색과 파란색 알약은 현실 세계와 매트릭스 세계를 상징한다.

인공지능

메타버스 시대로 가는 시작

　　2016년 3월 12일에 이세돌 9단과 인공지능 알파고의 3번째 대국이 알파고의 불계승으로 끝이 났다. 이것으로 세상은 인공지능이 이미 인간을 능가하는 성능을 지녔음을 인정하고 감탄한다. 이미 인공지능은 진화하여 우리의 상상 이상의 위력을 발휘하고 있다. 병원에서 한 환자의 의료정보를 인공지능에 입력하면 처방까지 단 몇 초가 걸리지 않는다. 매우 빠른 일 처리 속도이다.

2016년 이세돌 9단과 알파고의 대결은 알파고의 승리로 끝냈다.

의료 분야에서는 의사와 협업하는 단계까지 와 있다.

인공지능은 장례식장에서도 등장해 장례식을 치를 때의 불편한 사항을 해결해 줄 것으로 예측했다. 장례물품이나 장례식 절차의 최적화, 소용되는 장례비용을 회계 등 여러 사항을 체크하여 그에 대해 효율적으로 대처하는 방안을 인공지능이 해결해 줄 것으로 전망한 것이다.

그런데 앞으로는 메타버스의 가상현실과 증강현실로 장례식을 치루는 사회로 변화할 것이라는 예측이 있다. 앞으로는 시간과 공간의 제약이 없는 메타버스 세계의 장례문화로 바뀔 것으로 보고 있는 것이다. 실제로 이미 추모식을 메타버스로 하고 있는 경우도 있다. 이 또한 인공지능의 발달로 가능해진 문화이다.

그렇다면 기계가 스스로 학습하고 생각할 수 있도록 하는 것이 가능할까? 이에 대한 연구를 하는 학문이 인공지능이다. 인공지능Artificial Intelligence은 이미 현실화되고 있다. 다만 기계가 인간처럼 생각하는 것에는 아직 더 많은 시간이 필요하다.

미래에는 더욱 효과적이고 개선적인 인공지능이 나오겠지만 기계가 의사결정의 기능까지 수행하여 우리의 삶을 편리하게 한다면 "그것만큼 훌륭한 것이 어디 있겠는가?" 하고 생각할 것이다. 이미 어떤 분야에서는 전문가의 기능까지도 대체할 수 있을 정도로 발전하고 있지만 말이다.

자동차 생산라인에서는 이미 로봇들과의 협업이 이루어지고 있다.

예전에는 주어진 환경에서 몇 개의 해결 방법만을 강구하고 탐색한 것이 인공지능의 전부였다. 단순 숫자의 계산에 한정되었다고 보는 것으로 평가하기도 한다. 소프트웨어가 빠른 처리를 하는 정도가 아닌가 하는 평가도 있었다.

그러나 현재는 고도의 인식과 판단기능을 수행한다. 자율주행 자동차를 인공지능으로 운전한다면 안전성과 편리함이 결합된

주행을 할 수 있다. 사고의 위험성도 상당수 낮아진다.

공학 분야에서는 인공지능은 인간의 기능을 그대로 수행하는 기계로 인식한다. 그러나 현실적으로는 할 수 있는 모든 행동과 사고를 기계가 더 빠른 처리속도로 실행한다. 그래서 SF 영화에 나오는 사이보그 로봇이나 행성의 탐사 로봇을 상상하는 것은 어렵지 않다.

다양한 형태의 산업용 로봇.

안드로이드 군인(미래형 군인).

17세기와 18세기에는 인공지능에 대한 접근법이 철학에 머물러 있었을 뿐 실제로 구현될 수는 없었다. 본격적으로 인공지능에 대해 이야기할 수 있는 역사를 확인한다면 컴퓨터가 발명된 70여 년 전부터 시작되었다고 볼 수 있다. 아주 짧은 역사를 가지고 있는 것이다. 그럼에도 컴퓨터의 발명 후 인공지능에 대한 연구는 눈부시게 성장해왔다.

컴퓨터의 발전사.

컴퓨터의 성능은 진일보할 때 언론을 비롯해 다양한 분야에서 주목받게 된다. 그런데 인공지능은 그 어떤 연구든 성공하지 못한 이론마저도 귀중한 데이터가 되었다. 이러한 것들이 축적되어 지금의 발전을 이루는 바탕이 되어왔기 때문이다. 공상과학영화나 판타지 같은 아이디어라 해도 후에 실현될 수 있는 중요한 이론이나 키key가 될 수 있기 때문이다.

1937년 영국의 수학자 앨런 튜링Alan Turing, 1912~1954은 케임브리지 대학의 특별연구원으로 근무하는 동안 수학적 연산을 수행하고 방정식을 풀이할 수 있는 만능 기계에 대한 아이디어를 생각했다. 기호논리 및 수치해석, 전자 공학, 인간 사고과정의 여러 가지가 조합된 체계였다. 후에 이것이 인공지능에 관한 연구의 시작으로 평가받고 있다.

애니그마를 이용해 암호를 풀고 있는 앨런 튜링과 그가 발명했던 컴퓨터.

논리학과 전문가 시스템, 인공신경망, 탐색 이론, 퍼지 논리, 확률적 모형은 인공지능을 발달시킨 분야이다.

논리학은 기초가 튼튼한 추론의 체계적 학문으로, 추리 과정의 형식적 특성으로도 알려진 논리적 타당성과 진실을 명확하게 구분한다. 그래서 수학과 유사하면서도 수학과 과학을 구분하는 분야이기도 하다. 물론 수학에서 논리학은 필수적 도구이자 분야이다.

전문가 시스템^{expert system}은 전문가의 지식과 노하우를 컴퓨터에 저장해서 전문가의 수행능력 이상으로 문제해결을 추구하도록 설계한 소프트웨어 시스템이다. 문제해결의 일관적 처리 과정이나 알고리즘이 존재하지 않는 특정 전문 분야의 문제를 전문가의 경험적 지식을 이용해 해결하는 데 이용한다. 특성은 고품질의 성능이며 지식을 처리하며 질적인 데이터를 용이하게 다룬다.

전문가 시스템은 구축하는 데는 시간이 오래 소요될 수 있으나 한 번 구축된 시스템은 여러 곳에 동시다발적으로 응용해 사용할 수 있다. 그래서 화학물질의 분석이나 의료진단, 경영 의사결정, 집적 회로의 설계 등에 사용한다.

전문가 시스템은 전문가의 지식과 노하우를 학습해 문제해결을 하도록 하는 시스템이다.

인공신경망^{artificial neural}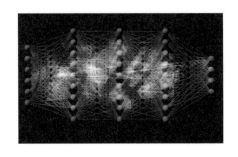
network은 인간의 뇌의 시
냅스와 뉴런의 관계를
프로그램으로 구현한 것
이다. 즉 인간의 뇌세포
와 비슷한 자극전달 구조를 갖는 연산 소자들을 논리적으로나 물
리적으로 상호 연결한 모형이다.

탐색 이론search theory은 목표물을 효율적으로 발견하기 위한 방
책을 연구하는 이론이다.

퍼지 논리fuzzy logic는 불분명한 상황을 기준에 따라 구분하는
논리 분야이다. 디지털 논리로는 0과 1의 이진법으로 분리하지
만 퍼지 이론은 더 명확한 기준을 정한다. 따라서 흰색이냐 검은
색이냐의 갈림길에서 수많은 회색
을 만들어내는 논리로도 빗대고 있
다. 이것은 컴퓨터의 세계에서 인간
의 세계에 더 적합하게 실행되는 논
리로 볼 수 있다. 그래서 수질 정화나
철도 교통 시스템, 세탁기, 자율주행
자동차에 응용된다.

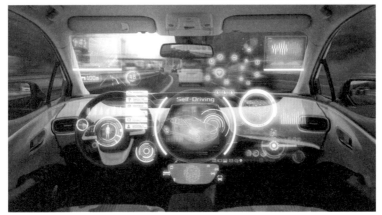

교통 통제, 자율주행자동차, 세탁기 등에 퍼지 이론이 적용되고 있다.

카메라의 줌-인$^{zoom-in}$을 생각하면 퍼지 이론이 인공지능에 얼마나 적용 가능성이 클지는 상상이 될 것이다. 인공지능에서는 중요도가 높은 이론으로 볼 수 있다.

퍼지 이론은 인공지능 연구에 매우 중요하다.

확률적 모형^{stochastic modeling}은 인공지능에 크게 영향을 주는 요인 중 하나로, 불확실한 데이터와 정보는 인공지능의 처리 수행에 부정확한 결론과 분석을 도출한다는 것을 보여준다. 그리고 인공지능 설계의 불량률 0%에 가까운 통계적 품질관리 방법도 확률적 모형에 의해 이룩된다. 설계부터 제조까지 확률로 인공지능을 관리하는 것이다.

2006년 캐나다 토론토 대학 제프리 힌톤^{Geoffrey Hinton, 1947~}교수의 논문에서 발표한 단어 '딥러닝^{deep-running}'은 인공지능의 개발에 박차를 가했다. 딥러닝은 기존의 인공 신경망 이론을 발전시킨 것으로 많은 데이터를 처리 및 분석할 수 있는 하드웨어와 빅데이터의 활용으로 뛰어난 역량을 발휘한다.

딥러닝은 빅 데이터를 분석 처리하는 데 매우 유용하다.

메타버스와 인공지능의 관계는 상호융합적으로 볼 수 있다. 메타버스를 실현하기 위해 인공지능이 필요하며, 인공지능이 다양성을 담고 발전하기 위해서는 메타버스가 필요하다. 따라서 고도의 인공지능 발달은 메타버스의 세계를 창조적으로 구현할 수 있는 도구가 될 것이며 바둑을 이긴 인공지능이 그보다 차원 높은 지능으로 개발한 메타버스는 우리의 두뇌를 초월하여 만든 것이므로 매우 놀라운 세계의 창출을 기대할 수 있을 것이다. 단 이것이 메트릭스의 세계가 될지 인간성을 지키며 즐기는 세계가 될지는 미지수이다.

메타버스의 세계는 우리에게 어떤 미래를 보여줄까?

다중우주론

메타버스로 가는 통로를 제공하다

가끔은 닐스 보어의 명언이 진실되게 느껴질 때가 있다.

우리가 현실이라고 부를 수 있는 모든 것들은
현실이라고 생각할 수 없는 것들로 이루어져 있다.

아마 믿기 어려운 과학의 세계의 진리를 말해주는 듯하다. 그런 것 중의 하나는 다중우주론이다.

다중우주론Multiverse은 '멀티Multi'와 '우주Universe'의 합성어로 1957년 "저 너머 우주에는 또 다른 우주가 존재하는가?"에 대한 질문으로 시작하는 아이디어이자 가설이다. 이 가설을 만든 과학자는 프린스턴 대학의 연구원이던 휴 에버렛 3세[Hugh Everett III, 1930~1982]이다.

이 가설의 등장은 과학계에 반향을 불러 일으켰다. 우주가 불꽃놀이처럼 불꽃이 번쩍이다가 꺼지는 것과 같다는 것이다. 그러면 우리의 우주도 시작이 아니라 우주가 생겼다가 소멸되기 전의 중간단계일 수도 있다는 생각이 가능하다. 그렇다면 우리의 관측 가능한 우주도 그냥 여러 우주 중의 하나일 뿐이라고 생각할 수 있다. 영화〈인터스텔라〉를 떠올리면 좀 더 쉽게 이해할 수 있을 것이다.

다중우주에 대한 가설은 우주가 불꽃놀이처럼 번쩍이다가 꺼지는 것과 같다고 했다.

이 다중우주론을 체계적으로 설명한 물리학자로 맥스 테그마크$^{\text{Max Tegmark, 1967~}}$가 있다. 그는 다중우주론의 단계는 4개이며, 모든 것이 수학적 구조로 이루어졌다는 내용을 발표했다. 그는 1단계부터 3단계까지의 평행우주$^{\text{Parallel Universe}}$(동일한 차원의 분화한 우주)는 근본적으로 같은 방정식을 따르지만 4단계의 평행우주는 다른 수학적 구조에 해당하여 다른 방정식을 따른다고 제안했다.

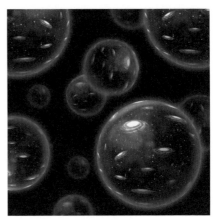

평행우주론은 동일한 모습과 시간을 공유하는 무수한 우주가 존재한다고 주장한다.

또한 우주는 아주 거대할 뿐 아니라 사실 무한하기 때문에, 자신과 동일한 무한히 많은 복제본과 우주가 존재할 수 있다는 것으로 보았다.

또한 테그마크는 우리가 살고 있는 물질세계는 수학 그 자체이며 우리 역시 거대한 수학적 대상의 자각하는 일부분이며 모든 것이 수학으로 기술될 수 있다고 봤다. 이것이 '수학적 우주 가설$^{\text{Mathematical Universe Hypothesis}}$'이다.

그의 다중우주론의 4단계 분류법은 다음과 같다.

우선 1단계는 우주는 무한히 광활하여 우리가 관측 가능한 측정범위 외에도 우주는 존재하며 관측 범위 내에서도 독립된 우주를 구성한다는 주장이다.

2단계는 인플레이션 이론이다. 우주는 생성 초기에 매우 급팽창했다. 지금도 팽창 중이며 그 속도가 점점 더 빨라지고 있다. 우주의 나이가 138억 년 정도인데 지금은 반지름이 약 400억 광년으로 엄청나게 큰 구 모양일 것이다. 그리고 우주 밖은 인플레이션이 끝나지 않을 것으로 예상하며 이것을 '영구 인플레이션'으로 부른다.

흥미로운 것은 무수한 빅뱅으로 인플레이션을 거쳐 계속 우주는 탄생하고 있다는 것이다. 2단계 인플레이션 이론은 빅뱅 이론을 보완하는 이론으로 빅뱅 이전에도 우주는 존재했다는 것을 설명한다. 테그마크는 다양한 우주의 모습을 '빵 속의 기포'로 묘사했다.

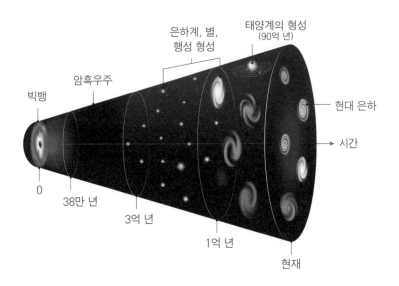

태양계의 형성
(90억 년)

은하계, 별,
행성 형성

암흑우주

빅뱅

현대 은하

시간

0

38만 년

3억 년

1억 년

현재

빅뱅 이론.

3단계는 양자역학의 코펜하겐 해석을 비판하기 위해 슈뢰딩거가 내놓았던 '슈뢰딩거의 고양이'에서 파생했다. 1935년 슈뢰딩거는 중첩으로 설명할 수 있는 양자 대상이 측정장치(일반적으로는, 인과적으로 연결된 고전 대상)를 함께 고려하면 결국 측정장치도 중첩을 일으켜야 한다는 역설을 내놓았다. 상자 안에 독극물과 고양이를 두었을 때 그 고양이가 살았을지 죽었을지에 대한 사고 실험이었다.

고양이는 관찰자가 관찰하기 전에는 살아 있음과 죽어 있음이 50%의 확률로 공존한다.

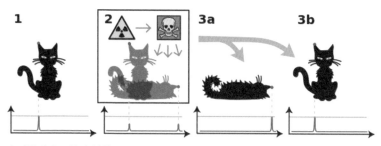

슈뢰딩거의 고양이 실험.
독극물과 함께 상자 안에 갇힌 고양이는 죽었을까 살았을까?

우주도 양자역학적 결정으로 무수한 다른 우주로 분화하며, 이렇게 생성된 시간과 공간이 '평행우주'이다.

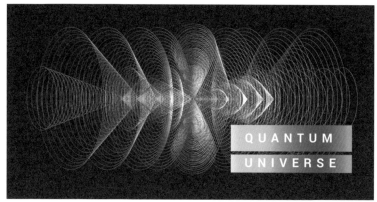

슈뢰딩거의 고양이에게서 파생된 양자우주

4단계인 '수학적 우주 가설'은 우리가 살고 있는 현실세계가 수학적 구조 그 자체라는 것이다. 테그마크는 우주의 작은 물질이라도 수학으로 구성되어 있으므로 조금의 어긋남도 없다는 것을 주장했다. 그리고 우리는 우주에서 수학적으로 된 것을 발견한 것에 불과하다는 내용도 담고 있다.

다중우주론은 천동설이 중심을 이루던 시대 갈릴레오와 코페르니쿠스가 지동설을 주장했을 때의 논란만큼이나 매우 뜨겁다. 곧 다중우주론이 가설이 아닌 참인 진리로 증명될 수도 있다고 수많은 수학자와 과학자들은 말한다. 그렇다면 정말 우리의 우주는 다중우주일까?

정말 우리가 살고 있는 우주와 같은 우주가 어딘가 다른 곳에도 존재할까?

메타버스의 세계를 향해

코로나 19가 전 세계를 휩쓸면서 우리가 사는 세상은 바뀌었다. 대면의 사회는 비대면의 사회로 바뀌었고 대학에 입학한 신입생들은 OT^{Orientation}(새로운 환경적응교육)와 MT^{Membership Training}(선후배 간의 친목도모 여행이나 모임)를 경험하지 못한 세대가 되었으며 초등학생들은 컴퓨터 앞에 모여 화상 수업을

코로나 19 이후 교육은 비대면 수업으로 진행되었다.

받는다. 모임이 금지되고 활발한 대면교류 대신 SNS^{Social Network} ^{Service}(소셜 네트워크 서비스)로 소식을 주고받는다. 전 세계에서 코로나 19가 사라진다고 해도 비대면의 시대가 시작된 지금 예전으로는 돌아가지 못할 것이다. 또한 유행성 질병은 앞으로도 계속 사람들을 위협할 것이기 때문에 비대면 사회는 가속화될 것으로 전망되고 있다.

코로나 19가 인류의 삶을 빠르게 변화시키고 있다.

그리고 이 시기에 새롭게 사람들에게 다가온 것이 바로 메타버스이다.

메타버스가 대중화되기 전부터 이와 결을 같이하는 시도들은 있어왔다. 국내에서도 세상을 떠난 가수들을 홀로그램으로 되살려 공연하는 모습을 재현해서 인기를 끈 적도 있다. 작고했던 인기가수의 유가족뿐 아니라 팬들도 가수의 살아생전의 공연 모습을 재현한 홀로그램으로 감명 받았다.

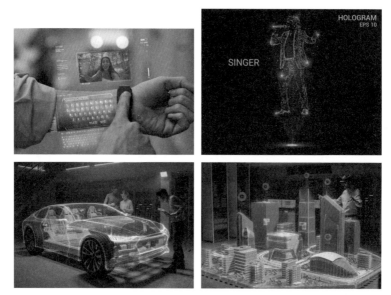

홀로그램은 공연, 영화를 비롯해 앞으로 더 많은 분야에서 활용될 것이다.

　이뿐만이 아니다. 영화배우가 직접 촬영 장소에 가서 영화촬영을 하지 않아도 무한한 공간에서 디자인된 의상을 자유롭게 바꿔 입으면서 영화를 제작할 날도 멀지 않았다.

　최근에는 가수를 꿈꾸는 소녀가 메타버스의 세계에서 인기가수가 되는 모습을 그린 애니메이션도 나왔다. 1998년 가상인간 '버추얼 인플루언서virtual influencer'인 아담은 20만장의 앨범 판매 매출을 올리며 인기를 끈 적도 있었다. 최근에는 가상인간이 인플루언서로 활동하며 수익을 창출하기 시작했다. 버추얼 인플루언서, 가상

인간의 시대가 온 것이다.

대표적인 가상인간으로는 신한라이프의 리아를 비롯해 김래아 등이 있다. 이들은 각종 CF에서 패션을 주도하는 이미지를 창출하여 트렌드를 변화

비추얼 인플루언서는 더 이상 낯선 존재가 아니다.

시키며 인스타그램으로 수많은 팬을 확보해가고 있다. 가상현실과 공존하는 생활이 이제 더 이상 상상의 세계만은 아닌 것이다.

비대면의 시대가 되면서 이제는 강연회도 특정 장소가 아닌 메타버스의 세계에서 이루어지고 있으며 신입생 환영회, 생일파티도 하는 중이다. 물론 만화 같은 캐릭터가 아닌 실제 인물을 보면서 말이다. 직접 법률가와 마주치지 않고 법률 상담도 가능하다. 가상의 법률가의 인공지능 법률 상담을 통해 상담을 할 수 있으며 모의재판도 할 수 있다. 모의재판을 통해 승소의 가능성과 법률 구제나 애러 사항에 대해 상세히 설명해 줄 수도 있다. 이뿐만이 아니다. 시각 장애에 관한 재활치료나 치매 같은 사회적으로 문제가 되는 질병 또한 메타버스의 세계를 활용해 의술로 발전할 수 있을 것으로 기대한다.

군사훈련 역시 메타버스에서 모의시험을 해 전략적 차원과 작전을 찾을 수 있도록 하는 등의 변화를 꾀하고 있다.

메타버스^{Metaverse}는 1992년 닐 스티븐슨^{Neal Stephenson}의 소설 《스노우 크래쉬》에서 처음 등장한 개념과 용어이다. 가상 혹은 초월을 의미하는 'Meta'와 우주를 의미하는 'Universe'가 합쳐진 '메타버스^{Metaverse}'는 누구나 아바타를 이용해 가상체험을 실생활처럼 할 수 있는 공간을 누리는 자유활동 공간을 말한다.

사람들은 메타버스에 접속해 가상현실과 현실의 교차점에서

현실을 기반으로 우리가 상상하는 것들이 메타버스 속 세계에 실현될 것이다.

3D로 구현한 세계를 직접 체험하면서 상상 이상의 느낌을 얻게 된다.

이러한 메타버스에 수학의 원리가 직간접적으로 작용되고 있다는 것을 여러분은 이제 알고 있다. 메타버스는 그래픽만의 세계가 아닌 수학적 세계이기도 하다. 기하학이 등장하고 허수라는 개념, 형이상학 철학이 결합되어 구현된 세계이다. 그동안 축적되어온 철학과 수학, 과학적 지식들이 우리에게 가상현실에 대한 상상력을 불러일으켰으며, 공학의 발전과 함께 우리의 현실을 풍요롭게 하거나 현실적으로 불가능한 것을 가능하게 보여주는 색다른 세계를 가능하게 했다는 것을 알게 되었다.

아케이드 게임이 한창 유행하던 80년대와 90년대는 내가 게임 속의 주인공이 되어 공간의 이동을 자유롭게 하면서 상상의 나래를 펼쳤다. 그리고 애니메이션은 공간의 한계를 뛰어넘는 세계를 보여주었다. 그러나 게임이나 애니메이션 안에서만 몰입 가능한, 작은 공간 안에서의 체험이었을 뿐이다. 실제로 느낌에서

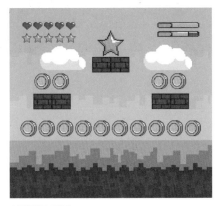

아케이드 게임.

한계를 느낄 수밖에 없다. 이러한 부족함은 메타버스에 대한 연구로 더욱 만족도를 높일 수 있을 것이다.

메타버스는 4가지로 분류된다.

첫 번째는 증강현실^{Augmented Reality, AR}이다. 증강현실은 실제 존재하는 공간에 가상정보를 증강해서 가상정보와 교류함으로써 작업의 효율성을 증진하는 기술이다. 가상현실은 가상의 공간에 가상의 이미지로 모두 꾸민 것이라면 증강현실은 실제 공간에 가상의 정보와 이미지를 꾸민 것에서 차이점이 있다.

증강현실의 플랫폼은 스마트 폰으로 많이 사용한다. 그리고 센서가 내장되어 있어서 실시간 가상정보를 제공받으며 증강현실에 대한 체험을 할 수 있다.

증강현실을 이용한 화산폭발과 공룡에 대한 교육.

증강현실을 이용한 마케팅

파일럿의 항공로 시뮬레이션은 대표적인 증강현실의 예이다. 1990년 보잉 사가 증강현실(AR)이라는 용어를 최초로 활용했다.

증강현실을 이용한 03년 보잉사 파일럿 비행 시뮬레이션.

두 번째 유형은 라이프로깅 Lifelogging이다. 자신의 생활에 대한 정보를 저장하고 공유하는 활동이다. 라이프로깅은 블로그에서 자주 볼 수 있으며, SNS에서도 접할 수 있다.

라이프로깅은 내 일상을 공유하며 소통한다.

그래서 사회적으로 잘 알지 못하지만 취미나 생각, 라이프 스타일이 비슷한 사람끼리 서로 소통하며 공유하는 것으로 감정을 공유하기도 한다.

일기는 사람의 삶을 자전적으로 기록하는 것이다. 그러나 일기장은 시간과 공간의 제약이 따른다. 많은 사람과는 그 내용과 생각에 대해 공유하기는 어렵다. 자서전, 앨범도 마찬가지일 것이다. 그러나 라이프로깅은 방문자들과 연계를 짓는 특성이 있어 다수와 만남을 가질 수 있다. 2000년대 중반에 인기가 많았던 싸이월드는 앨범의 형태에 블로그의 역할도 강화된 대표적 라이프로깅으로 볼 수 있다. 그런데 이것도 메타버스의 한 종류로, 여러분은 용어만 몰랐을 뿐이지 이미 오래 전부터 메타버스를 경험해 오고 있었다.

SNS는 글로벌한 소통으로 웹^{web} 상에서 인적 네트워크를 형성할 수 있는 스마트폰 시대의 굉장한 도구이다. 수많은 정보와 인적 관계를 형성할 수 있는 특징을 가져서 기업은 마케팅 수단으로서 활용을 극대화하기도 한다. 개인 프라이버시 보호에 관한 부작용에 대한 대책 수단을 세운다면 상당수 장점을 갖춘 네트워크 체계로 볼 수 있다.

세 번째 유형은 거울세계$^{Mirror\ Worlds}$이다. 실제 현실세계에 시뮬레이션을 더한 것으로 디지털로 복제한 것으로 생각할 수 있다. 이미 서울시를 거울세계로 실현했다. 따라서 서울 시내의 모든 모습을 담았기에 지도처럼 3D로 확실하게 볼 수 있다. 그리고 서울 시내의 변화하는 모습도 시뮬레이션화 할 수 있다.

유명 포털 사이트에서는 이미 지도를 시시각각으로 보여주고 있다. 직접 가보지 않고도 그 주변을 깨끗한 이미지로 볼 수 있는 것이다. 거울세계는 여기에 더해 그 주변에 건물을 짓거나 교통로를 증설했을 때 같은 경우를 예상할 수 있게 제시할 수 있다. 건물을 지으면 일조량을 포함한 여러 애러사항이 발생할 수 있는데 이에 대해 미리 예측해 줄 수도 있다.

공장을 짓거나 폐기물 매립지를 신설했을 때 환경오염과 같은 것도 다양한 환경과 변화값을 설정해 어떤 전략을 수립할지에 대해서도 미리 알려줄 것이다. 재난이 많은 국가는 대책으로 메타버스로 그 지역의 지형적 특징을 잘 표현한 지도를 만들어서 태풍, 지진, 화산폭발, 해일 등 여러 재난에 대한 시뮬레이션을 통해 대책을 수립할 수 있다.

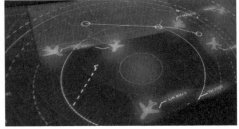

지진이나 화재 발생을 대비하기 위한 훈련과 비행 항로 가상 훈련 등 재난 대비 시뮬레이션도 메타버스를 이용할 수 있다.

현재 코로나 19로 인해 대학 캠퍼스의 생활은커녕 직접 수업이

어려워 온라인 수업으로 대체하는 대학이 많다. 대학 캠퍼스 전경을 거울세계로 이미 지도처럼 펼쳐놓고 등교해서 수업을 듣는 예도 있다. 교수님의 수업을 교수님 캐릭터와 나의 캐릭터가 직접 만나는 것이다. 또한 캠퍼스의 모습을 그대로 재현한 거울세계의 이미지이므로 우리는 캠퍼스의 배경을 만끽할 수도 있다.

네 번째로는 가상세계$^{Virtual World}$가 있다. 실제로는 존재하지 않지만 가상적으로 존재하는 세계를 말한다. 가상세계의 장점은 '현실보다 더욱 현실적으로 보이는 가상세계'란 말로 표현될 것이다.

요즘은 갤러리를 메타버스로 구성하여 스마트 폰으로 그 장소

가상현실세계에서는 미술품 경매도 가능하다.

에 들어가 직접 작품과 작가를 만날 수 있다. 어플만 설치하면 작동이 되는 것이다.

그리고 대통령 선거를 포함한 정치인들의 선거 및 유세도 메타버스에서 직접 이루어지고 있다.

2000년대 들어 홈쇼핑의 활성화가 되면서 직접 물건을 보지 않고 화면만으로 구매하기 시작했다. 온라인 쇼핑의 시대가 열린 것이다. 그러나 제품의 크기와 성능을 확인하기에는 이미지만으로는 한계가 있다. 이와 같은 단점을 메타버스는 해결할 수 있다. 메타버스로 물건의 크기를 볼 수 있으며 제품의 성능을 테스트해 볼 수도 있는 것이다.

현재 메타버스 중 하나인 네이버의 '제페토ZEPETO'에서는 구찌가 제품을 소개하고 있으며 편의점 CU도 입점해 제페토 안에서 물건을 구입하고 현실의 CU에서 물건을 받을 수 있도로 하고 있다. 제페토는 메타버스 플랫폼으로 자신의 3D 아바타를 만들어 가상 세계를 체험하는 서비스이다.

페이스북에서는 소셜 미디어 업체에서 메타버스 기업으로의 전환을 선언했고 메타버스 속 직업과 메타버스 관련 직업들도 빠르게 소개하고 있다.

이제 세상은 현실의 세상과 가상의 세상 '메타버스'가 공존하는 시대가 될 것이다.

가상현실의 세계는 우리에게 많은 것을 가능하게 할 것이다.

찾아보기

참고 도서

누구나 수학   위르겐 브뤽 지음, 정인회 옮김, 지브레인

멀티 유니버스   브라이언 그린 지음, 박병철 옮김, 김영사

무한을 넘어서   유지니아 쳉 지음, 김성훈 옮김, 열린책들

성게, 메뚜기, 불가사리가 그렇게 생긴 이유   모토카와 다쓰오 지음, 김영사

세상에서 가장 아름다운 수학공식   리오네 살렘 외 지음, 궁리

손안의 수학   마크 프레리 저, 남호영 옮김, 지브레인

수학 속 패러독스   황운구 지음, 지오북스

수학사   하워드 이브스 지음, 이우영 · 신항균 옮김, 경문사

수학의 파노라마   클리퍼드 픽오버 지음, 김지선 옮김, 사이언스 북스

숫자로 끝내는 수학 100   콜린 스튜어트 지음, 오혜정 옮김, 지브레인

알수록 재미있는 수학자들 : 근대에서 현대까지   김주은 지음, 지브레인

오일러가 사랑한 수 e 엘리 마오 지음, 허 민 옮김, 경문사

위대한 수학문제들   이언 스튜어트 지음, 안재권 옮김, 반니

일상에 숨겨진 수학 이야기   콜린 베버리지 지음, 장정문 옮김, 소우주

피보나치의 토끼   애덤 하트데이비스 지음, 임송이 옮김, 시그마북스

한 권으로 끝내는 수학   패트리샤 반스 스바니, 토머스 E. 스바니 공저, 오혜정 옮김, 지브레인

한 권으로 이해하는 양자물리의 세계   브라이언 크레그 지음, 박지웅 옮김, 북스힐

참고 사이트

동아사이언스 http://dongascience.donga.com

위키피디아 https://ko.wikipedia.org

https://mathshistory.st-andrews.ac.uk

https://scienceon.kisti.re.kr/main/mainForm.do